21 世纪本科院校数字艺术类规划教材

Photoshop 图形图像处理标准教程（CS4 版）

李洪发　主编

刘江华　杨剑涛　副主编

人民邮电出版社

北　京

图书在版编目（CIP）数据

Photoshop图形图像处理标准教程：CS4版 / 李洪发
主编. -- 北京：人民邮电出版社，2011.12（2021.7重印）
21世纪高等院校数字艺术类规划教材
ISBN 978-7-115-26435-0

Ⅰ. ①P… Ⅱ. ①李… Ⅲ. ①图象处理软件，
Photoshop CS4—高等学校—教材 Ⅳ. ①TP391.41

中国版本图书馆CIP数据核字（2011）第205312号

内 容 提 要

本书全面系统地介绍了 Photoshop CS4 的基本操作方法和图形图像处理技巧，包括图像处理基础知识、初识 Photoshop CS4、绘制和编辑选区、绘制图像、修饰图像、编辑图像、绘制图形及路径、调整图像的色彩和色调、图层的应用、文字的使用、通道的应用、蒙版的使用、滤镜效果、动作的应用、综合实训案例等内容。

本书将案例融入到软件功能的介绍过程中，力求通过课堂案例演练，使学生快速掌握软件的应用技巧；在学习了基础知识和基本操作后，通过课后习题实践，拓展学生的实际应用能力。在本书的最后一章，精心安排了专业设计公司的几个精彩实例，力求通过这些实例的制作，使学生提高艺术设计创意能力。

本书适合作为本科院校数字媒体艺术类专业 Photoshop 课程的教材，也可供相关人员自学参考。

◆ 主　　编　李洪发

　　副 主 编　刘江华　杨剑涛

　　责任编辑　李海涛

◆ 人民邮电出版社出版发行　　北京市丰台区成寿寺路 11 号
　　邮编　100164　　电子邮件　315@ptpress.com.cn
　　网址　http://www.ptpress.com.cn
　　固安县铭成印刷有限公司印刷

◆ 开本：787×1092　　1/16
　　印张：20.25　　　　　　　　　　2011 年 12 月第 1 版
　　字数：580 千字　　　　　　　　2021 年 7 月河北第 9 次印刷

ISBN 978-7-115-26435-0

定价：48.00 元（附光盘）

读者服务热线：(010)81055256　印装质量热线：(010)81055316
反盗版热线：(010)81055315
广告经营许可证：京东市监广登字20170147号

前言

Photoshop 是由 Adobe 公司开发的图形图像处理和编辑软件。它功能强大、易学易用，深受图形图像处理爱好者和平面设计人员的喜爱，已经成为这一领域最流行的软件之一。目前，我国很多本科院校的数字媒体艺术类专业，都将"Photoshop"列为一门重要的专业课程。

本书具有完善的知识结构体系，精心设计了课堂案例，力求通过课堂案例演练，使学生快速掌握软件的应用技巧，通过对软件基础知识的讲解，使学生深入学习软件功能；在学习了基础知识和基本操作后，通过课后习题实践，拓展学生的实际应用能力。在本书的最后一章，精心安排了专业设计公司的几个精彩实例，力求通过这些实例的制作，使学生提高艺术设计创意能力。在内容编写方面，我们力求细致全面、重点突出；在文字叙述方面，我们注意言简意赅、通俗易懂；在案例选取方面，我们强调案例的针对性和实用性。

本书配套光盘中包含了书中所有案例的素材及效果文件。另外，为方便教师教学，本书配备了详尽的课堂练习和课后习题的操作步骤以及 PPT 课件、教学大纲等丰富的教学资源，任课教师可到人民邮电出版社教学服务与资源网（www.ptpedu.com.cn）免费下载使用。本书的参考学时为76 学时，其中实训环节为 31 学时，各章的参考学时参见下面的学时分配表。

章　　节	课 程 内 容	学 时 分 配	
		讲　授	实　训
第 1 章	图像处理基础知识	1	
第 2 章	初识 Photoshop CS4	1	
第 3 章	绘制和编辑选区	3	2
第 4 章	绘制图像	3	2
第 5 章	修饰图像	3	2
第 6 章	编辑图像	3	2
第 7 章	绘制图形及路径	4	3
第 8 章	调整图像的色彩和色调	4	3
第 9 章	图层的应用	4	3
第 10 章	文字的使用	4	3
第 11 章	通道的应用	3	2
第 12 章	蒙版的使用	3	2
第 13 章	滤镜效果	4	3
第 14 章	动作的应用	2	1
第 15 章	综合实训案例	3	3
课 时 总 计		45	31

本书由周建国任主编。参加本书编写工作的还有马丹、王世宏、谢立群、葛润平、张敏娜、张文达、张丽丽、张旭、吕娜、程静、贾楠、房婷婷、黄小龙、周亚宁、崔桂青等。

由于时间仓促，加之水平有限，书中难免存在错误和不妥之处，敬请广大读者批评指正。

编　者

2011 年 10 月

Photoshop 图形图像处理标准教程
（CS4 版）

第 1 章

图像处理基础知识

本章冷主要介绍 Photoshop CS4 图像处理的基础知识，包括位图与矢量图、图像尺寸与分辨率、文件常用格式、图像色彩模式等。通过对本章的学习，可以快速掌握这些基础知识，有助于更快、更准确地处理图像。

【教学目标】

- 位图和矢量图。
- 分辨率。
- 图像的色彩模式。
- 常用的图像文件格式。

1.1 位图和矢量图

图像文件可以分为两大类：位图和矢量图。在绘图或处理图像的过程中，这两种类型的图像可以相互交叉使用。

1.1.1 位图

位图图像也叫点阵图像，它是由许多单独的小方块组成的，这些小方块又称为像素点，每个像素点都有特定的位置和颜色值，位图图像的显示效果与像素点是紧密联系在一起的，不同排列和着色的像素点组合在一起构成了一幅色彩丰富的图像。像素点越多，图像的分辨率越高，相应地，图像的文件量也会随之增大。

一幅位图图像的原始效果如图 1-1 所示，使用放大工具放大后，可以清晰地看到像素的小方块形状与不同的颜色，效果如图 1-2 所示。

图 1-1   图 1-2

位图与分辨率有关，如果在屏幕上以较大的倍数放大显示图像，或以低于创建时的分辨率打印图像，图像就会出现锯齿状的边缘，并且会丢失细节。

1.1.2 矢量图

矢量图也叫向量图，它是一种基于图形的几何特性来描述的图像。矢量图中的各种图形元素称为对象，每一个对象都是独立的个体，都具有大小、颜色、形状、轮廓等属性。

矢量图与分辨率无关，可以将它设置为任意大小，其清晰度不变，也不会出现锯齿状的边缘。在任何分辨率下显示或打印，都不会损失细节。一幅矢量图的原始效果如图 1-3 所示，使用放大工具放大后，其清晰度不变，效果如图 1-4 所示。

图 1-3   图 1-4

矢量图所占的容量较少，但这种图形的缺点是不易制作色调丰富的图像，而且绘制出来的图形无法像位图那样精确地描绘各种绚丽的景象。

1.2 分辨率

分辨率是用于描述图像文件信息的术语。分辨率分为图像分辨率、屏幕分辨率和输出分辨率。下面将分别进行讲解。

1.2.1　图像分辨率

在 Photoshop CS4 中，图像中每单位长度上的像素数目，称为图像的分辨率，其单位为像素/英寸或是像素/厘米。

在相同尺寸的两幅图像中，高分辨率的图像包含的像素比低分辨率的图像包含的像素多。例如，一幅尺寸为 1 英寸 × 1 英寸的图像，其分辨率为 72 像素/英寸，这幅图像包含 5184 个像素（72 × 72 = 5184）。同样尺寸，分辨率为 300 像素/英寸的图像，图像包含 90000 个像素。相同尺寸下，分辨率为 72 像素/英寸的图像效果如图 1-5 所示，分辨率为 10 像素/英寸的图像效果如图 1-6 所示。由此可见，在相同尺寸下，高分辨率的图像能更清晰地表现图像内容。

图 1-5　　　　　　　　　　　　　　　　　图 1-6

> **提示**：在激活视图的任意位置单击鼠标右键或按下键盘上的 Esc 键，可取消该按钮的激活状态。

1.2.2　屏幕分辨率

屏幕分辨率是显示器上每单位长度显示的像素数目。屏幕分辨率取决于显示器大小及其像素设置。PC 显示器的分辨率一般约为 96 像素/英寸，Mac 显示器的分辨率一般约为 72 像素/英寸。在 Photoshop CS4 中，图像像素被直接转换成显示器像素，当图像分辨率高于显示器分辨率时，屏幕中显示的图像比实际尺寸大。

1.2.3　输出分辨率

输出分辨率是照排机或打印机等输出设备产生的每英寸的油墨点数（dpi）。打印机的分辨率在 720 dpi 以上的，可以使图像获得比较好的效果。

1.3 图像的色彩模式

Photoshop CS4 提供了多种色彩模式，这些色彩模式正是作品能够在屏幕和印刷品上成功表现的重要保障。在这些色彩模式中，经常用到的有 CMYK 模式、RGB 模式、Lab 模式以及 HSB 模式。另外，还有索引模式、灰度模式、位图模式、双色调模式、多通道模式等。这些模式都可以在模式菜单下选取，每种色彩模式都有不同的色域，并且各个模式之间可以转换。下面，将介绍主要的色彩模式。

1.3.1 CMYK 模式

CMYK 代表了印刷上用的 4 种油墨颜色：C 代表青色，M 代表洋红色，Y 代表黄色，K 代表黑色。CMYK 颜色控制面板如图 1-7 所示。

CMYK 模式在印刷时应用了色彩学中的减法混合原理，即减色色彩模式，它是图片、插图和其他 Photoshop 作品中最常用的一种印刷方式。因为在印刷中通常都要进行四色分色，出四色胶片，然后再进行印刷。

图 1-7

1.3.2 RGB 模式

与 CMYK 模式不同的是，RGB 模式是一种加色模式，它通过红、绿、蓝 3 种色光相叠加而形成更多的颜色。RGB 是色光的彩色模式，一幅 24bit 的 RGB 图像有 3 个色彩信息的通道：红色（R）、绿色（G）和蓝色（B）。RGB 颜色控制面板如图 1-8 所示。

每个通道都有 8bit 的色彩信息———一个 0～255 的亮度值色域。也就是说，每一种色彩都有 256 个亮度水平级。3 种色彩相叠加，可以有 256×256×256=1670 万种可能的颜色，这足以表现出绚丽多彩的世界。

在 Photoshop CS4 中编辑图像时，RGB 模式应是最佳的选择。因为它可以提供全屏幕的多达 24 bit 的色彩范围，一些计算机领域的色彩专家称之为"True Color（真色彩）"显示。

图 1-8

1.3.3　灰度模式

灰度模式，灰度图又叫 8bit 深度图。每个像素用 8 个二进制位表示，能产生 2 的 8 次方（即 256）级灰色调。当一个彩色文件被转换为灰度模式文件时，所有的颜色信息都将从文件中丢失。尽管 Photoshop CS4 允许将一个灰度文件转换为彩色模式文件，但不可能将原来的颜色完全还原。所以，当要转换灰度模式时，应先做好图像的备份。

与黑白照片一样，一个灰度模式的图像只有明暗值，没有色相和饱和度这两种颜色信息。0% 代表白，100% 代表黑。其中的 K 值用于衡量黑色油墨用量，颜色控制面板如图 1-9 所示。

图 1-9

提示： 将彩色模式转换为后面介绍的双色调（Duotone）模式或位图（Bitmap）模式时，必须先转换为灰度模式，然后由灰度模式转换为双色调模式或位图模式。

1.4　常用的图像文件格式

当用 Photoshop CS4 制作或处理好一幅图像后，就要进行存储。这时，选择一种合适的文件格式就显得十分重要。Photoshop CS4 有 20 多种文件格式可供选择。在这些文件格式中，既有 Photoshop CS4 的专用格式，也有用于应用程序交换的文件格式，还有一些比较特殊的格式。

1.4.1　PSD 格式

PSD 格式和 PDD 格式是 Photoshop CS4 自身的专用文件格式，能够支持从线图到 CMYK 模式的所有图像类型，但由于在一些图形处理软件中没有得到很好的支持，所以其通用性不强。PSD 格式和 PDD 格式能够保存图像数据的细小部分，如图层、附加的遮膜通道等 Photoshop CS4 对图像进行特殊处理的信息。在没有最终决定图像存储的格式前，最好先以这两种格式存储。另外，Photoshop CS4 打开和存储这两种格式的文件比其他格式更快。但是这两种格式也有缺点，就是它们所存储的图像文件容量大，占用磁盘空间较多。

1.4.2　TIF 格式

TIF 格式是标签图像格式。TIF 格式对于色彩通道图像来说是最有用的格式，具有很强的可移植性，它可以用于 PC、Mac 以及 UNIX 工作站 3 大平台，是这 3 大平台上使用最广泛的绘图格式。

用 TIF 格式存储时应考虑到文件的大小，因为 TIF 格式的结构要比其他格式更复杂。但 TIF 格式支持 24 个通道，能存储多于 4 个通道的文件格式。TIF 格式还允许使用 Photoshop CS4 中的复杂工具和滤镜特效。TIF 格式非常适合于印刷和输出。

1.4.3　BMP 格式

BMP 是 Windows Bitmap 的缩写。它可以用于绝大多数 Windows 下的应用程序。

BMP 格式使用索引色彩，它的图像具有极为丰富的色彩，并可以使用 16MB 色彩渲染图像。BMP 格式能够存储黑白图、灰度图和 16MB 色彩的 RGB 图像等。此格式一般在多媒体演示、视频输出等情况下使用，但不能在 Mac 程序中使用。在存储 BMP 格式的图像文件时，还可以进行无损失压缩，这样能够节省磁盘空间。

1.4.4　GIF 格式

GIF 是 Graphics Interchange Format 的缩写。GIF 格式的图像文件容量比较小，它形成一种压缩的 8bit 图像文件。正因为这样，一般用这种格式的文件来缩短图形的加载时间。如果在网络中传送图像文件，GIF 格式的图像文件要比其他格式的图像文件快得多。

1.4.5 JPEG 格式

JPEG 是 Joint Photographic Experts Group 的缩写，中文意思为联合图片专家组。JPEG 格式既是 Photoshop CS4 支持的一种文件格式，也是一种压缩方案。它是 Mac 上常用的一种存储类型。JPEG 格式是压缩格式中的"佼佼者"，与 TIF 文件格式采用的 LIW 无损失压缩相比，它的压缩比例更大。但它使用的有损失压缩会丢失部分数据。用户可以在存储前选择图像的最后质量，这就能控制数据的损失程度。

1.4.6　EPS 格式

EPS 是 Encapsulated Post Script 的缩写。EPS 格式是 Illustrator CS4 和 Photoshop CS4 之间可交换的文件格式。Illustrator 软件制作出来的流动曲线、简单图形和专业图像一般都存储为 EPS 格式。Photoshop 可以获取这种格式的文件。在 Photoshop CS4 中，也可以把其他图形文件存储为 EPS 格式，在排版类的 PageMaker 和绘图类的 Illustrator 等其他软件中使用。

1.4.7　选择合适的图像文件存储格式

可以根据工作任务的需要选择合适的图像文件存储格式，下面就根据图像的不同用途介绍应该选择的图像文件存储格式。

用于印刷：TIFF、EPS。

出版物：PDF。

Internet 图像：GIF、JPEG、PNG。

用于 Photoshop CS4 工作：PSD、PDD、TIFF。

第 2 章　初识 Photoshop CS4

本章首先对 Photoshop CS4 进行概述，然后介绍 Photoshop CS4 的功能特色。通过本章的学习，可以对 Photoshop CS4 的多种功用有一个大体的、全方位的了解，有助于在制作图像的过程中快速地定位，应用相应的知识点，完成图像的制作任务。

【教学目标】

- 工作界面的介绍。
- 文件操作。
- 图像的显示效果。
- 标尺、参考线和网格线的设置。
- 图像和画面尺寸的调整。
- 设置绘图颜色。
- 了解图层的含义。
- 恢复操作的应用。

2.1 工作界面的介绍

2.1.1 菜单栏及快捷方式

熟悉工作界面是学习 Photoshop CS4 的基础。熟练掌握工作界面的内容，有助于初学者日后得心应手地驾驭 Photoshop CS4。Photoshop CS4 的工作界面主要由标题栏、菜单栏、属性栏、工具箱、控制面板和状态栏组成，如图 2-1 所示。

图 2-1

菜单栏：菜单栏中共包含 11 个菜单命令。利用菜单命令可以完成对图像的编辑、调整色彩、添加滤镜效果等操作。

工具箱：工具箱中包含了多个工具。利用不同的工具可以完成对图像的绘制、观察、填充、测量等操作。

属性栏：属性栏是工具箱中各个工具的功能扩展。通过在属性栏中设置不同的选项，可以快速地完成多样化的操作。

控制面板：控制面板是 Photoshop CS4 的重要组成部分。通过不同的功能面板，可以完成图像中填充颜色、设置图层、添加样式等操作。

状态栏：状态栏可以提供当前文件的显示比例、文档大小、当前工具、暂存盘大小等提示信息。

1. 菜单分类

Photoshop CS4 的菜单栏依次分为："文件"菜单、"编辑"菜单、"图像"菜单、"图层"菜单、"选择"菜单、"滤镜"菜单、"分析"菜单、"3D"菜单、"视图"菜单、"窗口"菜单及"帮助"菜单，如图 2-2 所示。

文件(F)　编辑(E)　图像(I)　图层(L)　选择(S)　滤镜(T)　分析(A)　3D(D)　视图(V)　窗口(W)　帮助(H)

图 2-2

文件菜单：包含了各种文件操作命令。编辑菜单：包含了各种编辑文件的操作命令。图像菜单：包含了各种改变图像的大小、颜色等的操作命令。图层菜单：包含了各种调整图像中图层的操作命令。选择菜单：包含了各种关于选区的操作命令。滤镜菜单：包含了各种添加滤镜效果的操作命令。分析菜单：包含了各种测量图像、数据分析的操作命令。3D 菜单：包含了新的 3D 绘制与合成命令。视图菜单：包含了各种对视图进行设置的操作命令。窗口菜单：包含了各种显示或隐藏控制面板的命令。帮助菜单：包含了各种帮助信息。

2. 菜单命令的不同状态

子菜单命令：有些菜单命令中包含了更多相关的菜单命令，包含子菜单的菜单命令，其右侧会显示黑色的三角形按钮▶，单击带三角形按钮的菜单命令，就会显示出其子菜单，如图 2-3 所示。

不可执行的菜单命令：当菜单命令不符合运行的条件时，就会显示为灰色，即不可执行状态。例如，在 CMYK 模式下，滤镜菜单中的部分菜单命令将变为灰色，不能使用。

可弹出对话框的菜单命令：当菜单命令后面显示有省略号"…"时，如图 2-4 所示，表示单击此菜单，可以弹出相应的对话框，可以在对话框中进行相应的设置。

图 2-3

图 2-4

3. 按工作类型显示菜单

在 Photoshop CS4 中，可以根据操作习惯存储自定义的工作区。设置好工作区后，选择菜单"窗口 > 工作区 > 存储工作区"命令，即可将工作区存储。

可以根据不同的工作类型，突出显示菜单中的命令。选择菜单"窗口 > 工作区 > 绘画"命令，在打开的软件右侧弹出绘画操作需要的相关面板。应用命令前后的显示对比如图 2-5 和图 2-6 所示。

图 2-5

图 2-6

4．显示或隐藏菜单命令

可以根据操作需要隐藏或显示指定的菜单命令。不经常使用的菜单命令可以暂时隐藏。选择菜单"编辑 > 菜单"命令，弹出"菜单"对话框，如图 2-7 所示。

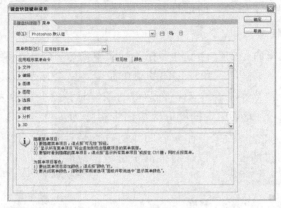

图 2-7

单击"应用程序菜单命令"栏中命令左侧的三角形按钮▷，将展开详细的菜单命令，如图 2-8 所示。单击"可见性"选项下方的眼睛图标 👁 ，将其相对应的菜单命令进行隐藏，如图 2-9 所示。

图 2-8　　　　　　　　　　　　　　　　　　　　　图 2-9

设置完成后，单击"存储对当前菜单组的所有改变"按钮 ，保存当前的设置。也可单击"根据当前菜单组创建一个新组"按钮 ，将当前的修改创建为一个新组。隐藏应用程序菜单命令前后的菜单效果如图 2-10 和图 2-11 所示。

图 2-10　　　　　　　　　　　　　　　　　　　　　图 2-11

5. 突出显示菜单命令

为了突出显示需要的菜单命令，可以为其设置颜色。选择菜单"编辑 > 菜单"命令，弹出"菜单"对话框，在要突出显示的菜单命令后面单击"无"，在弹出的下拉列表中可以选择需要的颜色标注命令，如图 2-12 所示。可以为不同的菜单命令设置不同的颜色，如图 2-13 所示。设置颜色后，菜单命令的效果如图 2-14 所示。

图 2-12

图 2-13

图 2-14

> **⊕ 提示**：如果要暂时取消显示菜单命令的颜色，可以选择菜单"编辑 > 首选项 > 常规"命令，在弹出的对话框中选择"界面"选项，然后取消勾选"显示菜单颜色"复选框即可。

6. 键盘快捷方式

使用键盘快捷方式：当要选择菜单命令时，可以使用菜单命令旁标注的快捷键，例如，要选择菜单"文件 > 打开"命令，直接按 Ctrl+O 组合键即可。

按住 Alt 键的同时，单击菜单栏中文字后面带括号的字母，可以打开相应的菜单，再按菜单命令中的带括号的字母即可执行相应的命令。例如，要选择"选择"命令，按 Alt+S 组合键即可弹出菜单，要想选择菜单中的"色彩范围"命令，再按 C 键即可。

自定义键盘快捷方式：为了更方便地使用最常用的命令，Photoshop CS4 提供了自定义键盘快捷方式和保存键盘快捷方式的功能。

选择菜单"编辑 > 键盘快捷键"命令，弹出"键盘快捷键"对话框，如图 2-15 所示。在对话框下面的信息栏中说明了快捷键的设置方法，在"组"选项中可以选择要设置快捷键的组合，在"快捷键用于"选项中可以选择需要设置快捷键的菜单或工具，在下面的选项窗口中选择需要设置的命令或工具进行设置，如图 2-16 所示。

图 2-15   图 2-16

设置新的快捷键后，单击对话框右上方的"根据当前的快捷键组创建一组新的快捷键"按钮，弹出"存储"对话框，在"文件名"文本框中输入名称，如图 2-17 所示，单击"保存"按钮则存储新的快捷键设置。这时，在"组"选项中即可选择新的快捷键设置，如图 2-18 所示。

图 2-17   图 2-18

更改快捷键设置后，需要单击"存储对当前菜单组的所有更改"按钮对设置进行存储，单击"确定"按钮，应用更改的快捷键设置。要将快捷键的设置删除，可以在对话框中单击"删除"按钮，将快捷键的设置进行删除，Photoshop CS4 会自动还原为默认设置。

> **提示**：在为控制面板或应用程序菜单中的命令定义快捷键时，这些快捷键必须包括 Ctrl 键或一个功能键。在为工具箱中的工具定义快捷键时，必须使用 A～Z 之间的字母。

2.1.2 工具箱

Photoshop CS4 的工具箱包括选择工具、绘图工具、填充工具、编辑工具、颜色选择工具、屏幕视图工具、快速蒙版工具等，如图 2-19 所示。要了解每个工具的具体名称，可以将鼠标光标放置在具体工具的上方，此时会出现一个黄色的图标，上面会显示该工具的具体名称，如图 2-20 所示。工具名称后面括号中的字母，代表选择此工具的快捷键，只要在键盘上按该字母，就可以快速切换到相应的工具上。

图 2-19　　　　　　　　　　　　　图 2-20

切换工具箱的显示状态：Photoshop CS4 的工具箱可以根据需要在单栏与双栏之间自由切换。当工具箱显示为双栏时，如图 2-21 所示，单击工具箱上方的双箭头图标▶▶，工具箱即可转换为单栏，节省工作空间，如图 2-22 所示。

图 2-21　　　　　　　　　　　　　图 2-22

显示隐藏工具箱：在工具箱中，部分工具图标的右下方有一个黑色的小三角按钮◢，表示在该工具下还有隐藏的工具。用鼠标在工具箱中有小三角的工具按钮上单击，并按住鼠标不放，弹出隐藏工具选项，如图 2-23 所示，将鼠标光标移动到需要的工具按钮上，即可选择该工具。

恢复工具箱的默认设置：要想恢复工具默认的设置，可以选择该工具，在相应的工具属性栏中，用鼠标右键单击工具图标，在弹出的快捷菜单中选择"复位工具"命令，如图 2-24 所示。

图 2-23　　　　　　　　图 2-24

光标的显示状态：当选择工具箱中的工具后，图像中的光标就变为工具图标。例如，选择"裁剪"工具 ㄐ，图像窗口中的光标也随之显示为裁剪工具的图标，如图 2-25 所示。

选择"画笔"工具 ✐，光标显示为画笔工具的对应图标，如图 2-26 所示。按 Caps Lock 键，光标转换为精确的十字形图标，如图 2-27 所示。

图 2-25   图 2-26   图 2-27

2.1.3 属性栏

当选择某个工具后，会出现相应的工具属性栏，可以通过属性栏对工具进行进一步的设置。例如，当选择"魔棒"工具 ✦ 时，工作界面的上方会出现相应的魔棒工具属性栏，可以应用属性栏中的各个命令对工具做进一步的设置，如图 2-28 所示。

图 2-28

2.1.4 状态栏

打开一幅图像时，图像的下方会出现该图像的状态栏，如图 2-29 所示。

图 2-29

状态栏的左侧显示当前图像缩放显示的百分数。在显示区的文本框中输入数值可以改变图像窗口的显示比例。

在状态栏的中间部分显示当前图像的文件信息，单击三角形按钮▶，在弹出的菜单中单击"显示"菜单，在弹出的子菜单中可以选择当前图像的相关信息，如图 2-30 所示。

图 2-30

2.1.5 控制面板

控制面板是处理图像时另一个不可或缺的部分。Photoshop CS4 界面为用户提供了多个控制面板组。

收缩与扩展控制面板：控制面板可以根据需要进行伸缩。面板的展开状态如图 2-31 所示。单击控制面板上方的双箭头图标◀◀，可以将控制面板收缩，如图 2-32 所示。如果要展开某个控制面板，可以直接单击其选项卡，相应的控制面板会自动弹出，如图 2-33 所示。

图 2-31　　　　　　　　　　　　图 2-32　　　　　　　　　　　图 2-33

拆分控制面板：若需单独拆分出某个控制面板，可用鼠标选中该控制面板的选项卡并向工作区拖曳，如图 2-34 所示，选中的控制面板将被单独的拆分出来，如图 2-35 所示。

图 2-34　　　　　　　　　　　　图 2-35

组合控制面板：可以根据需要将两个或多个控制面板组合到一个面板组中，这样可以节省操作的空间。要组合控制面板，可以选中外部控制面板的选项卡，用鼠标将其拖曳到要组合的面板组中，面板组周围出现蓝色的边框，如图 2-36 所示，此时，释放鼠标，控制面板将被组合到面板组中，如图 2-37 所示。

控制面板弹出式菜单：单击控制面板右上方的图标▼≡，可以弹出控制面板的相关命令菜单，应用这些菜单可以提高控制面板的功能性，如图 2-38 所示。

图 2-36　　　　　　　　图 2-37　　　　　　　　图 2-38

隐藏与显示控制面板：按 Tab 键，可以隐藏工具箱和控制面板，再次按 Tab 键，可显示出隐藏的部分。按 Shift+Tab 键，可以隐藏控制面板，再次按 Shift+Tab 键，可显示出隐藏的部分。

> **提示**：按 F6 键显示或隐藏"颜色"控制面板，按 F7 键显示或隐藏"图层"控制面板，按 F8 键显示或隐藏"信息"控制面板。

可以依据操作习惯自定义工作区、存储控制面板及设置工具的排列方式，设计出个性化的 Photoshop CS4 界面。

设置工作区后，选择菜单"窗口 > 工作区 > 存储工作区"命令，弹出"存储工作区"对话框，输入工作区名称，如图 2-39 所示，单击"存储"按钮，即可将自定义的工作区进行存储。

图 2-39

使用自定义工作区时，在"窗口 > 工作区"的子菜单中选择新保存的工作区名称。如果要再恢复使用 Photoshop CS4 默认的工作区状态，可以选择菜单"窗口 > 工作区 > 默认工作区"命令进行恢复。选择菜单"窗口 > 工作区 > 删除工作区"命令，可以删除自定义的工作区。

2.2 文件操作

新建图像是使用 Photoshop CS4 进行设计的第一步。如果要在一个空白的图像上绘图，就要在 Photoshop CS4 中新建一个图像文件。

2.2.1 新建图像

选择菜单"文件 > 新建"命令，或按 Ctrl+N 组合键，弹出"新建"对话框，如图 2-40 所示。在对话框中可以设置新建图像的文件名、图像的宽度和高度、分辨率、颜色模式等选项，设置完成后单击"确定"按钮，即可完成新建图像，如图 2-41 所示。

图 2-40

图 2-41

2.2.2 打开图像

如果要对照片或图片进行修改和处理，就要在 Photoshop CS4 中打开需要的图像。

选择菜单"文件 > 打开"命令，或按 Ctrl+O 组合键，弹出"打开"对话框，在对话框中搜索路径和文件，确认文件类型和名称，通过 Photoshop CS4 提供的预览缩略图选择文件，如图 2-42 所示，然后单击"打开"按钮，或直接双击文件，即可打开所指定的图像文件，如图 2-43 所示。

图 2-42

图 2-43

⍰ 提示： 在"打开"对话框中，也可以一次同时打开多个文件，只要在文件列表中将所需的几个文件选中，并单击"打开"按钮。在"打开"对话框中选择文件时，按住 Ctrl 键的同时，用鼠标单击，可以选择不连续的多个文件。按住 Shift 键的同时，用鼠标单击，可以选择连续的多个文件。

2.2.3　保存图像

编辑和制作完图像后，就需要将图像进行保存，以便于下次打开继续操作。

选择菜单"文件 > 存储"命令，或按 Ctrl+S 组合键，可以存储文件。当设计好的作品进行第一次存储时，选择菜单"文件 > 存储"命令，将弹出"存储为"对话框，如图 2-44 所示，在对话框中输入文件名、选择文件格式后，单击"保存"按钮，即可将图像保存。

图 2-44

⍰ 提示： 当对已存储过的图像文件进行各种编辑操作后，选择"存储"命令，将不弹出"存储为"对话框，计算机直接保存最终确认的结果，并覆盖原始文件。

2.2.4 关闭图像

将图像进行存储后，可以将其关闭。选择菜单"文件 > 关闭"命令，或按 Ctrl+W 组合键，可以关闭文件。关闭图像时，若当前文件被修改过或是新建文件，则会弹出提示框，如图 2-45 所示，单击"是"按钮即可存储并关闭图像。

图 2-45

2.3 图像的显示效果

使用 Photoshop CS4 编辑和处理图像时，可以通过改变图像的显示比例，使工作更便捷、高效。

2.3.1 100%显示图像

100%显示图像，如图 2-46 所示。在此状态下可以对文件进行精确的编辑。

图 2-46

2.3.2 放大显示图像

选择"缩放"工具 ，在图像中鼠标光标变为放大图标 ，每单击一次鼠标，图像就会放大一倍。当图像以 100%的比例显示时，用鼠标在图像窗口中单击 1 次，图像则以 200%的比例显示，效果如图 2-47 所示。

当要放大一个指定的区域时，选择放大工具 ，按住鼠标不放，在图像上框选出一个矩形选区，选中需要放大的区域如图 2-48 所示，松开鼠标，选中的区域会放大显示并填满图像窗口，如图 2-49 所示。

图 2-47   图 2-48   图 2-49

按 Ctrl+ + 组合键，可逐次放大图像，例如从 100%的显示比例放大到 200%，直至 300%、400%。

2.3.3 缩小显示图像

缩小显示图像，一方面可以用有限的屏幕空间显示出更多的图像，另一方面可以看到一个较大图像的全貌。

选择"缩放"工具，在图像中鼠标光标变为放大工具图标，按住 Alt 键不放，鼠标光标变为缩小工具图标。每单击一次鼠标，图像将缩小显示一级。图像的原始效果如图 2-50 所示，缩小显示后效果如图 2-51 所示。按 Ctrl+ – 组合键，可逐次缩小图像。

图 2-50   图 2-51

也可在缩放工具属性栏中单击缩小工具按钮，如图 2-52 所示，则鼠标光标变为缩小工具图标，每单击一次鼠标，图像将缩小显示一级。

图 2-52

2.3.4 全屏显示图像

如果要将图像的窗口放大填满整个屏幕，可以在缩放工具的属性栏中单击"适合屏幕"按钮，再勾选"调整窗口大小以满屏显示"选项，如图 2-53 所示。这样在放大图像时，窗口就会和屏幕的尺寸相适应，效果如图 2-54 所示。单击"实际像素"按钮，图像将以实际像素比例显示。单击"打印尺寸"按钮，图像将以打印分辨率显示。

图 2-53

图 2-54

2.3.5　图像窗口显示

当打开多个图像文件时，会出现多个图像文件窗口，这就需要对窗口进行布置和摆放。

同时打开多幅图像，效果如图 2-55 所示。按 Tab 键，关闭操作界面中的工具箱和控制面板，将鼠标光标放在图像窗口的标题栏上，拖曳图像到操作界面的任意位置，如图 2-56 所示。

图 2-55　　　　　　　　　　　　　　　　图 2-56

选择菜单"窗口 > 排列 > 层叠"命令，图像的排列效果如图 2-57 所示。选择菜单"窗口 > 排列 >平铺"命令，图像的排列效果如图 2-58 所示。

图 2-57　　　　　　　　　　　　　　　　图 2-58

2.3.6　观察放大图像

选择"抓手"工具，在图像中鼠标光标变为抓手，用鼠标拖曳图像，可以观察图像的每个部分，效果如图 2-59 所示。直接用鼠标拖曳图像周围的垂直和水平滚动条，也可观察图像的每个部分，效果如图 2-60 所示。如果正在使用其他的工具进行工作，按住 Spacebar（空格）键，可以快速切换到"抓手"工具。

图 2-59　　　　　　　　　　图 2-60

2.4 标尺、参考线和网格线的设置

标尺和网格线的设置可以使图像处理更加精确,而实际设计任务中的问题有许多也需要使用标尺和网格线来解决。

2.4.1 标尺的设置

设置标尺可以精确地编辑和处理图像。选择菜单"编辑 > 首选项 > 单位与标尺"命令,弹出相应的对话框,如图 2-61 所示。

图 2-61

单位:用于设置标尺和文字的显示单位,有不同的显示单位供选择。列尺寸:用于用列来精确确定图像的尺寸。点/派卡大小:与输出有关。选择菜单"视图 > 标尺"命令,可以将标尺显示或隐藏,如图 2-62 和图 2-63 所示。

图 2-62 图 2-63

将鼠标光标放在标尺的 X 和 Y 轴的 0 点处,如图 2-64 所示。单击并按住鼠标不放,向右下方拖曳鼠标到适当的位置,如图 2-65 所示,释放鼠标,标尺的 X 和 Y 轴的 0 点就变为鼠标移动后的位置,如图 2-66 所示。

图 2-64 图 2-65 图 2-66

2.4.2 参考线的设置

设置参考线：设置参考线可以使编辑图像的位置更精确。将鼠标的光标放在水平标尺上，按住鼠标不放，向下拖曳出水平的参考线，效果如图 2-67 所示。将鼠标的光标放在垂直标尺上，按住鼠标不放，向右拖曳出垂直的参考线，效果如图 2-68 所示。用 TIF 格式存储时应考虑到文件的大小，因为 TIF 格式的结构要比其他格式更复杂。但 TIF 格式支持 24 个通道，能存储多于 4 个通道的文件格式。TIF 格式还允许使用 Photoshop CS4 中的复杂工具和滤镜特效。TIF 格式非常适合于印刷和输出。

图 2-67   图 2-68

显示或隐藏参考线：选择菜单"视图 > 显示 > 参考线"命令，可以显示或隐藏参考线，此命令只有存在参考线的前提下才能应用。

移动参考线：选择菜单"移动"工具 ，将鼠标光标放在参考线上，鼠标光标变为 ，按住鼠标拖曳，可以移动参考线。

锁定、清除、新建参考线：选择菜单"视图 > 锁定参考线"命令或按 Alt +Ctrl+；组合键，可以将参考线锁定，参考线锁定后将不能移动。选择菜单"视图 > 清除参考线"命令，可以将参考线清除。选择菜单"视图 > 新建参考线"命令，弹出"新建参考线"对话框，如图 2-69 所示，设定后单击"确定"按钮，图像中出现新建的参考线。

图 2-69

2.4.3 网络线的设置

设置网格线可以将图像处理得更精准。选择菜单"编辑 > 首选项 > 参考线、网格和切片"命令，弹出相应的对话框，如图 2-70 所示。

图 2-70

参考线：用于设定参考线的颜色和样式。网格：用于设定网格的颜色、样式、网格线间隔、子网格等。切片：用于设定切片的颜色和显示切片的编号。

选择菜单"视图 > 显示 > 网格"命令，可以显示或隐藏网格，如图 2-71 和图 2-72 所示。

图 2-71　　　　　　　　　图 2-72

> **提示：**反复按 Ctrl+R 组合键，可以将标尺显示或隐藏。反复按 Ctrl+; 组合键，可以将参考线显示或隐藏。反复按 Ctrl+' 组合键，可以将网格显示或隐藏。

2.5　图像和画布尺寸的调整

根据制作过程中不同的需求，可以随时调整图像的尺寸与画布的尺寸。

2.5.1　图像尺寸的调整

打开一幅图像，选择菜单"图像 > 图像大小"命令，弹出"图像大小"对话框，如图 2-73 所示。像素大小：通过改变"宽度"和"高度"选项的数值，改变图像在屏幕上显示的大小，图像的尺寸也相应改变。文档大小：通过改变"宽度"、"高度"和"分辨率"选项的数值，改变图像的文档大小，图像的尺寸也相应改变。约束比例：选中此复选框，在"宽度"和"高度"选项右侧出现锁链标志，表示改变其中一项设置时，两项会成比例的同时改变。重定图像像素：不勾选此复选框，像素的数值将不能单独设置，"文档大小"选项组中的"宽度"、"高度"和"分辨率"选项右侧将出现锁链标志，改变数值时 3 项会同时改变，如图 2-74 所示。

图 2-73　　　　　　　　　　　　图 2-74

在"图像大小"对话框中可以改变选项数值的计量单位，在选项右侧的下拉列表中进行选择，如图 2-75 所示。单击"自动"按钮，弹出"自动分辨率"对话框，系统将自动调整图像的分辨率和品质效果，如图 2-76 所示。

图 2-75　　　　　　　　　　　　　　　　　　图 2-76

2.5.2　画布尺寸的调整

图像画布尺寸的大小是指当前图像周围的工作空间的大小。选择菜单"图像 > 画布大小"命令，弹出"画布大小"对话框，如图 2-77 所示。

当前大小：显示的是当前文件的大小和尺寸。新建大小：用于重新设定图像画布的大小。 定位：可调整图像在新画面中的位置，可偏左、居中或在右上角等，如图 2-78 所示。设置不同的调整方式，图像调整后的效果如图 2-79 所示。

图 2-77　　　　　　　　　　　　　　　　　　图 2-78

图 2-79

图 2-79（续）

画布扩展颜色：此选项的下拉列表中可以选择填充图像周围扩展部分的颜色，在列表中可以选择前景色、背景色或 Photoshop CS4 中的默认颜色，也可以自己调整所需颜色。在对话框中进行设置，如图 2-80 所示，单击"确定"按钮，效果如图 2-81 所示。

图 2-80   图 2-81

2.6 设置绘图颜色

在 Photoshop CS4 中可以使用"拾色器"对话框、"颜色"控制面板、"色板"控制面板对图像进行色彩的选择。

2.6.1 使用"拾色器"对话框设置颜色

可以在"拾色器"对话框中设置颜色。

使用颜色滑块和颜色选择区：用鼠标在颜色色带上单击或拖曳两侧的三角形滑块，如图 2-82 所示，可以使颜色的色相产生变化。

图 2-82

在"拾色器"对话框左侧的颜色选择区中，可以选择颜色的明度和饱和度，垂直方向表示的是明度的变化，水平方向表示的是饱和度的变化。

选择好颜色后，在对话框的右侧上方的颜色框中会显示所选择的颜色，右侧下方是所选择颜色的 HSB、RGB、CMYK、Lab 值，选择好颜色后，单击"确定"按钮，所选择的颜色将变为工具箱中的前景或背景色。

使用颜色库按钮选择颜色：在"拾色器"对话框中单击"颜色库"按钮 颜色库 ，弹出"颜色库"对话框，如图 2-83 所示。在对话框中，"色库"下拉菜单中是一些常用的印刷颜色体系，如图 2-84 所示，其中"TRUMATCH"是为印刷设计提供服务的印刷颜色体系。

图 2-83   图 2-84

在颜色色相区域内单击或拖曳两侧的三角形滑块，可以使颜色的色相产生变化，在颜色选择区中选择带有编码的颜色，在对话框的右侧上方颜色框中会显示出所选择的颜色，右侧下方是所选择颜色的 CMYK 值。

通过输入数值选择颜色：在"拾色器"对话框中，右侧下方的 HSB、RGB、CMYK、Lab 色彩模式后面，都带有可以输入数值的数值框，在其中输入所需颜色的数值也可以得到希望的颜色。

选中对话框左下方的"只有 Web 颜色"复选框，颜色选择区中出现供网页使用的颜色，如图 2-85 所示，在右侧的数值框中，显示的是网页颜色的数值。

图 2-85

2.6.2 使用"颜色"控制面板设置颜色

"颜色"控制面板可以用来改变前景色和背景色。选择菜单"窗口 > 颜色"命令，弹出"颜色"控制面板，如图 2-86 所示。

在"颜色"控制面板中，可先单击左侧的设置前景色或设置背景色图标■来确定所调整的是前景色还是背景色。然后拖曳三角滑块或在色带中选择所需的颜色，或直接在颜色的数值框中输入数值调整颜色。

单击"颜色"控制面板右上方的图标▼≡，弹出下拉命令菜单，如图 2-87 所示，此菜单用于设定"颜色"控制面板中显示的颜色模式，可以在不同的颜色模式中调整颜色。

图 2-86

图 2-87

2.6.3 使用"色板"控制面板设置颜色

"色板"控制面板可以用来选取一种颜色来改变前景色或背景色。选择菜单"窗口 > 色板"命令，弹出"色板"控制面板，如图 2-88 所示。单击"色板"控制面板右上方的图标▼≡，弹出下拉命令菜单，如图 2-89 所示。

新建色板：用于新建一个色板。小缩览图：可使控制面板显示为小图标方式。小列表：可使控制面板显示为小列表方式。预设管理器：用于对色板中的颜色进行管理。复位色板：用于恢复系统的初始设置状态。载入色板：用于向"色板"控制面板中增加色板文件。存储色板：用于将当前"色板"控制面板中的色板文件存入硬盘。替换色板：用于替换"色板"控制面板中现有的色板文件。ANPA 颜色选项以下都是配置的颜色库。

图 2-88   图 2-89

在"色板"控制面板中，将鼠标光标移到空白处，鼠标光标变为油漆桶🖐️，如图 2-90 所示，此时单击鼠标，弹出"色板名称"对话框，如图 2-91 所示，单击"确定"按钮，即可将当前的前景色添加到"色板"控制面板中，如图 2-92 所示。

图 2-90   图 2-91   图 2-92

在"色板"控制面板中，将鼠标光标移到色标上，鼠标光标变为吸管🖊️，如图 2-93 所示，此时单击鼠标，将设置吸取的颜色为前景色，如图 2-94 所示。

图 2-93   图 2-94

⑴ **提示**：在"色板"控制面板中，按住 Alt 键的同时，将鼠标光标移到颜色色标上，鼠标光标变为剪刀✂️，此时单击鼠标，将删除当前的颜色色标。

2.7 了解图层的含义

图层是在不影响图像中其他图像元素的情况下处理某一图像元素。可以将图层想象成是一张张叠起来的硫酸纸。可以透过图层的透明区域看到下面的图层。通过更改图层的顺序和属性，可以改变图像的合成。图像效果如图 2-95 所示，其图层原理图如图 2-96 所示。

图 2-95   图 2-96

2.7.1 "图层"控制面板

"图层"控制面板列出了图像中的所有图层、组和图层效果。可以使用"图层"控制面板来显示和隐藏图层、创建新图层以及处理图层组。还可以在"图层"控制面板的弹出式菜单中设置其他命令和选项，如图 2-97 所示。

图层混合模式 正常 ：用于设定图层的混合模式，它包含有 20 多种图层混合模式。不透明度：用于设定图层的不透明度。填充：用于设定图层的填充百分比。眼睛图标 ：用于打开或隐藏图层中的内容。锁链图标 ：表示图层与图层之间的链接关系。图标 T ：表示此图层为可编辑的文字层。图标 fx. ：为图层效果图标。

在"图层"控制面板的上方有 4 个图标，如图 2-98 所示。

锁定透明像素 ：用于锁定当前图层中的透明区域，使透明区域不能被编辑。锁定图像像素 ：使当前图层和透明区域不能被编辑。锁定位置 ：使当前图层不能被移动。锁定全部 ：使当前图层或序列完全被锁定。

在"图层"控制面板的下方有 7 个工具按钮图标，如图 2-99 所示。

链接图层 ：使所选图层和当前图层成为一组，当对一个链接图层进行操作时，将影响一组链接图层。添加图层样式 fx. ：为当前图层添加图层样式效果。添加图层蒙版 ：将在当前层上创建一个蒙版。在图层蒙版中，黑色代表隐藏图像，白色代表显示图像。可以使用画笔等绘图工具对蒙版进行绘制，还可以将蒙版转换成选择区域。创建新的填充或调整图层 ：可对图层进行颜色填充和效果调整。创建新组 ：用于新建一个文件夹，可以在其中放入图层。创建新图层 ：用于在当前图层的上方创建一个新层。删除图层 ：即垃圾桶，可以将不需要的图层拖曳到此处进行删除。

图 2-97

锁定： ：图

图 2-98

图 2-99

图 2-100

2.7.2 "图层"菜单

单击"图层"控制面板右上方的图标 ，弹出其命令菜单，如图 2-100 所示。

2.7.3 新建图层

使用控制面板弹出式菜单：单击"图层"控制面板右上方的图标，弹出其命令菜单，选择"新建图层"命令，弹出"新建图层"对话框，如图 2-101 所示。

图 2-101

名称：用于设定新图层的名称，可以选择与前一图层创建剪贴蒙版。颜色：用于设定新图层的颜色。模式：用于设定当前图层的合成模式。不透明度：用于设定当前图层的不透明度值。

使用控制面板按钮或快捷键：单击"图层"控制面板下方的"创建新图层"按钮 ⬜ ，可以创建一个新图层。按住 Alt 键的同时，单击"创建新图层"按钮 ⬜ ，将弹出"新建图层"对话框。

使用"图层"菜单命令或快捷键：选择菜单"图层 > 新建 > 图层"命令，弹出"新建图层"对话框。按 Shift+Ctrl+N 组合键，也可以弹出"新建图层"对话框。

2.7.4 复制图层

使用控制面板弹出式菜单：单击"图层"控制面板右上方的图标，弹出其命令菜单，选择"复制图层"命令，弹出"复制图层"对话框，如图 2-102 所示。

图 2-102

为：用于设定复制层的名称。文档：用于设定复制层的文件来源。

使用控制面板按钮：将需要复制的图层拖曳到控制面板下方的"创建新图层"按钮 ⬜ 上，可以将所选的图层复制为一个新图层。

使用菜单命令：选择菜单"图层 > 复制图层"命令，弹出"复制图层"对话框。

使用鼠标拖曳的方法复制不同图像之间的图层：打开目标图像和需要复制的图像。将需要复制的图像中的图层直接拖曳到目标图像的图层中，图层复制完成。

2.7.5 删除图层

使用控制面板弹出式菜单：单击图层控制面板右上方的图标▼▤，弹出其命令菜单，选择"删除图层"命令，弹出提示对话框，如图 2-103 所示。

使用控制面板按钮：选中要删除的图层，单击"图层"控制面板

图 2-103

下方的"删除图层"按钮 🗑 ，即可删除图层。或将需要删除的图层直接拖曳到"删除图层"按钮
🗑 上进行删除。

　　使用菜单命令：选择菜单"图层 > 删除 > 图层"命令，即可删除图层。

2.7.6　图层的显示和隐藏

　　单击"图层"控制面板中任意图层左侧的眼睛图标 👁 ，可以隐藏或显示这个图层。

　　按住 Alt 键的同时，单击"图层"控制面板中的任意图层左侧的眼睛图标 👁 ，此时，图层控制
面板中将只显示这个图层，其他图层被隐藏。

2.7.7　图层的选择、链接和排列

　　选择图层：用鼠标单击"图层"控制面板中的任意一个图层，可以选择这个图层。

　　选择"移动"工具 ➤⊹ ，用鼠标右键单击窗口中的图像，弹出一组供选择的图层选项菜单，选
择所需要的图层即可。将鼠标靠近需要的图像进行以上操作，即可选择这个图像所在的图层。

　　链接图层：当要同时对多个图层中的图像进行操作时，可以将多个图层进行链接，方便操作。
选中要链接的图层，如图 2-104 所示，单击"图层"控制面板下方的"链接图层"按钮 ⇔ ，选中
的图层被链接，如图 2-105 所示。再次单击"链接图层"按钮 ⇔ ，可取消链接。

图 2-104　　　　　　　　　　　　　　　　图 2-105

　　排列图层：单击"图层"控制面板中的任意图层并按住鼠标不放，拖曳鼠标可将其调整到其他
图层的上方或下方。

　　选择菜单"图层 > 排列"命令，弹出"排列"命令的子菜单，选择其中的排列方式即可。

> **ⓘ 提示**：按 Ctrl+[组合键，可以将当前图层向下移动一层；按 Ctrl+]组合键，可以将当前图层
> 向上移动一层；按 Shift+Ctrl+[组合键，可以将当前图层移动到除了背景图层以外的所有图层的
> 下方；按 Shift +Ctrl+]组合键，可以将当前图层移动到所有图层的上方。背景图层不能随意移动，
> 可转换为普通图层后再移动。

2.7.8　图层的属性

　　图层属性命令用于设置图层的名称以及颜色。单击
"图层"控制面板右上方的图标 ▾☰ ，弹出其命令菜单，
选择"图层属性"命令，弹出"图层属性"对话框，如
图 2-106 所示。

图 2-106

名称：用于设置图层的名称。颜色：用于设置图层的显示颜色。

2.7.9 合并图层

"向下合并"命令用于向下合并图层。单击"图层"控制面板右上方的图标，在弹出式菜单中选择"向下合并"命令，或按 Ctrl+E 组合键即可。

"合并可见图层"命令用于合并所有可见层。单击"图层"控制面板右上方的图标，在弹出式菜单中选择"合并可见图层"命令，或按 Shift+Ctrl+E 组合键即可。

"拼合图像"命令用于合并所有的图层。单击"图层"控制面板右上方的图标，在弹出式菜单中选择"拼合图像"命令。

2.7.10 图层组

当编辑多层图像时，为了方便操作，可以将多个图层建立在一个图层组中。单击"图层"控制面板右上方的图标，在弹出的菜单中选择"新建组"命令，弹出"新建组"对话框，单击"确定"按钮，新建一个图层组，如图 2-107 所示，选中要放置到组中的多个图层，如图 2-108 所示，将其向图层组中拖曳，选中的图层被放置在图层组中，如图 2-109 所示。

图 2-107

图 2-108

图 2-109

> **提示**：单击"图层"控制面板下方的"创建新组"按钮，可以新建图层组。选择菜单"图层 > 新建 > 组"命令，也可以新建图层组。还可以选中要放置在图层组中的所有图层，按 Ctrl+G 组合键，自动生成新的图层组。

2.8 恢复操作的应用

在绘制和编辑图像的过程中，经常会错误地执行一个步骤或对制作的一系列效果不满意。当希望恢复到前一步或原来的图像效果时，可以使用恢复操作命令。

2.8.1 恢复到上一步的操作

在编辑图像的过程中可以随时将操作返回到上一步，也可以还原图像到恢复前的效果。选择菜单 "编辑 > 还原" 命令，或按 Ctrl+Z 组合键，可以恢复到图像的上一步操作。如果想还原图像到恢复前的效果，再按 Ctrl+Z 组合键即可。

2.8.2　中断操作

当 Photoshop CS4 正在进行图像处理时，想中断这次操作，可以按 Esc 键，即可中断正在进行的操作。

2.8.3　恢复到操作过程的任意步骤

"历史记录" 控制面板将进行过多次处理操作的图像恢复到任一步操作时的状态，即所谓的 "多次恢复功能"。选择菜单 "窗口 > 历史记录" 命令，弹出 "历史记录" 控制面板，如图 2-110 所示。

图 2-110

控制面板下方的按钮从左至右依次为 "从当前状态创建新文档" 按钮 、"创建新快照" 按钮 、"删除当前状态" 按钮 。

单击控制面板右上方的图标 ，弹出控制面板的下拉命令菜单，如图 2-111 所示。

图 2-111

前进一步：用于将滑块向下移动一位。后退一步：用于将滑块向上移动一位。新建快照：用于根据当前滑块所指的操作记录建立新的快照。删除：用于删除控制面板中滑块所指的操作记录。清除历史记录：用于清除控制面板中除最后一条记录外的所有记录。新建文档：用于由当前状态或者快照建立新的文件。历史记录选项：用于设置 "历史记录" 控制面板。

第 **3** 章

绘制和编辑选区

本章将主要介绍 Photoshop CS4 选区的概念、绘制选区的方法以及编辑选区的技巧。通过本章的学习，可以快速地绘制规则与不规则的选区，并对选区进行移动、反选、羽化等调整操作。

【教学目标】

- 选择工具的使用。
- 选区的操作技巧。

3.1 选择工具的使用

对图像进行编辑，首先要进行选择图像的操作。能够快捷精确地选择图像，是提高处理图像效率的关键。

3.1.1 课堂案例——制作秋后风景

案例学习目标：学习使用套索工具绘制不规则选区。

案例知识要点：使用魔杖工具将稻草人图像抠出，使用磁性套索工具将蜻蜓图像抠出，使用多边形工具将风车图像抠出，如图 3-1 所示。

效果所在位置：光盘/Ch03/效果/制作秋后风景.psd。

图 3-1

1．使用魔棒工具抠出稻草人

Step 01　按 Ctrl + O 组合键，打开光盘中的"Ch03 > 素材 > 制作秋后风景 > 01"文件，图像效果如图 3-2 所示。按 Ctrl + O 组合键，打开光盘中的"Ch03 > 素材 > 制作秋后风景 > 02"文件，图像效果如图 3-3 所示。选择"魔棒"工具 ✎，在属性栏中取消勾选"连续"复选框，在蓝色背景区域单击鼠标，生成选区，效果如图 3-4 所示。

图 3-2　　　　　　　　　图 3-3　　　　　　　　图 3-4

Step 02　按 Ctrl+Alt+I 组合键，将选区反选，如图 3-5 所示。选择"移动"工具 ⊕，将选区中的图像拖曳到 01 文件窗口中适当的位置。按 Ctrl+T 组合键，图像周围出现变换框，将鼠标光标放至变换框的控制手柄外边，光标变为旋转图标 ↻，如图 3-6 所示。拖曳鼠标将图像旋转至适当的位置，按 Enter 键确认操作，效果如图 3-7 所示。在"图层"控制面板中生成新的图层并将其命名为"稻草人"。

图 3-5 图 3-6 图 3-7

2．使用磁性套索工具抠出蜻蜓

Step 01 按 Ctrl + O 组合键，打开光盘中的 "Ch03 > 素材 > 制作秋后风景 > 03" 文件，图像效果如图 3-8 所示。选择 "磁性套索" 工具 ，在蜻蜓图像的边缘单击鼠标，根据蜻蜓的形状拖曳鼠标，绘制一个封闭路径，路径自动转换为选区，如图 3-9 所示。选择 "移动" 工具 ，将选区中的图像拖曳到 01 文件窗口中，并调整适当的位置及角度，如图 3-10 所示，在 "图层" 控制面板中生成新的图层并将其命名为 "蜻蜓"。

图 3-8 图 3-9 图 3-10

Step 02 将 "蜻蜓" 图层拖曳到控制面板下方的 "创建新图层" 按钮 上进行复制，生成新的图层 "蜻蜓 副本"，如图 3-11 所示。选择 "移动" 工具 ，拖曳复制的蜻蜓到适当的位置，并调整其大小及角度，效果如图 3-12 所示。

图 3-11 图 3-12

Step 03 按 Ctrl+O 组合键，打开光盘中的 "Ch03 > 素材 > 制作秋后风景 > 04" 文件。选择 "磁性套索" 工具 ，在山丘图像的边缘单击鼠标，拖曳鼠标将山丘图像抠出，如图 3-13 所示。选择 "移动" 工具 ，拖曳选区中的图像到素材 01 的图像窗口的右上方，效果如图 3-14 所示，在 "图层" 控制面板中生成新的图层并将其命名为 "山丘"，如图 3-15 所示。

图 3-13　　　　　　　　　　　图 3-14　　　　　　　　　　　图 3-15

Step 04　将"山丘"图层拖曳到控制面板下方的"创建新图层"按钮 ↴ 上进行复制，生成新的图层"山丘 副本"，如图 3-16 所示。选择"移动"工具 ↣，拖曳复制的山丘图像到适当的位置并调整其大小，效果如图 3-17 所示。

图 3-16　　　　　　　　　　　　图 3-17

3.　使用多边形套索工具抠出风车

Step 01　按 Ctrl+O 组合键，打开光盘中的"Ch03 > 素材 > 制作秋后风景 > 05"文件，如图 3-18 所示。选择"多边形套索"工具 ⌦，在风车图像的边缘多次单击并拖曳鼠标，将风车图像抠出，如图 3-19 所示。

Step 02　选择"移动"工具 ↣，将选区中的图像拖曳到素材 01 的图像窗口中适当的位置，在"图层"控制面板中生成新的图层并将其命名为"风车"，如图 3-20 所示。按 Ctrl+T 组合键，在图像周围出现控制手柄，拖曳控制手柄调整图像的大小，按 Enter 键确认操作，效果如图 3-21 所示。秋后风景效果制作完成。

图 3-18　　　　　　图 3-19　　　　　　图 3-20　　　　　　图 3-21

3.1.2　选框工具

选择"矩形选框"工具 ▭，或反复按 Shift+M 键，属性栏状态如图 3-22 所示。

图 3-22

新选区 ▢：去除旧选区，绘制新选区。增加选区 ▢：在原有选区的上面增加新的选区。减去选区 ▢：在原有选区上减去新选区的部分。重叠选区 ▢：选择新旧选区重叠的部分。羽化：用于设定选区边界的羽化程度。消除锯齿：用于清除选区边缘的锯齿。样式：用于选择类型。

绘制矩形选区：选择"矩形选框"工具 ▢，在图像中适当的位置单击并按住鼠标不放，向右下方拖曳鼠标绘制选区，松开鼠标，矩形选区绘制完成，如图 3-23 所示。按住 Shift 键，在图像中可以绘制出正方形选区，如图 3-24 所示。

图 3-23　　　　　　　　　　　　　　　　　　　图 3-24

设置矩形选区的比例：在"矩形选框"工具 ▢ 的属性栏中，选择"样式"选项下拉列表中的"固定比例"，将"宽度"选项设为 1，"高度"选项设为 3，如图 3-25 所示。在图像中绘制固定比例的选区，效果如图 3-26 所示。单击"高度和宽度互换"按钮 ⇄，可以快速将宽度和高度比的数值互相置换，互换后绘制的选区效果如图 3-27 所示。

图 3-25

图 3-26　　　　　　　　　　　　　　　　　　　图 3-27

设置固定尺寸的矩形选区：在"矩形选框"工具 ▢ 的属性栏中，选择"样式"选项下拉列表中的"固定大小"，在"宽度"和"高度"选项中输入数值，单位只能是像素，如图 3-28 所示。绘制固定大小的选区，效果如图 3-29 所示。单击"高度和宽度互换"按钮 ⇄，可以快速地将宽度和高度的数值互相置换，互换后绘制的选区效果如图 3-30 所示。

图 3-28

图 3-29　　　　　　　　　　　　　　　　　图 3-30

3.1.3　套索工具

选择"套索"工具 ，或反复按 Shift+L 组合键，其属性栏状态如图 3-31 所示。

图 3-31

□□□□：为选择方式选项。羽化：用于设定选区边缘的羽化程度。消除锯齿：用于清除选区边缘的锯齿。

选择"套索"工具，在图像中适当的位置单击并按住鼠标不放，拖曳鼠标在杯子的周围进行绘制，如图 3-32 所示，松开鼠标，选择区域自动封闭生成选区，效果如图 3-33 所示。

图 3-32　　　　　　　　　　　　　　　　　图 3-33

3.1.4　魔棒工具

选择"魔棒"工具，或按 W 键，其属性栏如图 3-34 所示。

图 3-34

□□□□：为选择方式选项。容差：用于控制色彩的范围，数值越大，可容许的颜色范围越大。消除锯齿：用于清除选区边缘的锯齿。连续：用于选择单独的色彩范围。对所有图层取样：用于将所有可见层中颜色容许范围内的色彩加入选区。

选择"魔棒"工具，在图像中单击需要选择的颜色区域，即可得到需要的选区，如图 3-35 所示。调整属性栏中的容差值，再次单击需要选择的区域，不同容差值的选区效果如图 3-36 所示。

图 3-35

图 3-36

3.2 选区的操作技巧

在建立选区后，可以对选区进行一系列的操作，如移动选区、调整选区、羽化选区等。

3.2.1 课堂案例——制作婚纱照片模板

案例学习目标：学习调整选区的方法和技巧，并应用羽化选区命令制作柔和图像效果。

案例知识要点：使用羽化选区命令制作柔和图像效果，使用反选命令制作选区反选效果。使用椭圆形选框工具移动选区，如图 3-37 所示。

效果所在位置：光盘\Ch03\效果\制作婚纱照片模板.psd。

图 3-37

Step 01 按 Ctrl + O 组合键，打开光盘中的"Ch03 > 素材 > 制作婚纱照片模板 > 01"文件，图像效果如图 3-38 所示。单击"图层"控制面板下方的"创建新图层"按钮 🔲，生成新的图层并将其命名为"白框"，如图 3-39 所示。在工具箱下方将前景色设为白色，如图 3-40 所示。按 Alt+Delete 组合键，用前景色填充图层，效果如图 3-41 所示。

图 3-38

图 3-39

图 3-40

图 3-41

Step 02 选择"椭圆选框"工具 ○，在图像窗口中绘制椭圆选区，如图 3-42 所示。选择菜单"选择 > 修改 > 羽化"命令，弹出"羽化选区"对话框，选项的设置如图 3-43 所示，单击"确定"按钮，羽化选区。

图 3-42　　　　　　　　　　　　　　　　图 3-43

Step 03 按 Delete 键，删除选区中的图像，按 Ctrl+D 组合键，取消选区，图像效果如图 3-44 所示。选择"多边形套索"工具 ，在图像窗口中绘制不规则选区，如图 3-45 所示。

图 3-44　　　　　　　　　　　　　　　　图 3-45

Step 04 选择菜单"选择 > 修改 > 羽化"命令，弹出"羽化选区"对话框，选项的设置如图 3-46 所示，单击"确定"按钮，羽化选区。按 Delete 键，删除选区中的图像，按 Ctrl+D 组合键，取消选区，效果如图 3-47 所示。

图 3-46　　　　　　　　　　　　　　　　图 3-47

Step 05 按 Ctrl + O 组合键，打开光盘中的"Ch03 > 素材 > 制作婚纱照片模板 > 02"文件，选择"移动"工具 ，将人物图片拖曳到图像窗口中适当的位置，效果如图 3-48 所示，在"图层"控制面板中生成新的图层并将其命名为"人物"。选择"椭圆选框"工具 ，在图像窗口中拖曳鼠标绘制椭圆形选区，效果如图 3-49 所示。

图 3-48　　　　　　　　　　　　　　　　图 3-49

Step 06 按 Shift+F6 组合键，弹出"羽化选区"对话框，选项的设置如图 3-50 所示，单击"确定"按钮。按 Ctrl+Shift+I 组合键，将选区反选，按 Delete 键，删除选区中的图像，按 Ctrl+D 组合键，取消选区，图像效果如图 3-51 所示。

图 3-50　　　　　　　　　　　　　图 3-51

Step 07 按 Ctrl + O 组合键，打开光盘中的"Ch03 > 素材 > 制作婚纱照片模板 > 03"文件，选择"移动"工具，将图片拖曳到图像窗口中适当的位置，效果如图 3-52 所示，在"图层"控制面板中生成新的图层并将其命名为"装饰"，如图 3-53 所示。

Step 08 在"图层"控制面板中，将"装饰"图层拖曳到"人物"图层的下方，如图 3-54 所示，图像效果如图 3-55 所示。婚纱照片模板制作完成。

图 3-52　　　　　　　　　　　　　图 3-53

图 3-54　　　　　　　　　　　　　图 3-55

3.2.2　移动选区

使用鼠标移动选区：将鼠标放在选区中，鼠标光标变为，如图 3-56 所示。按住鼠标并进行拖曳，鼠标光标变为图标，将选区拖曳到其他位置，如图 3-57 所示。松开鼠标，即可完成选区的移动，效果如图 3-58 所示。

图 3-56　　　　　　　图 3-57　　　　　　　图 3-58

使用键盘移动选区：当使用矩形和椭圆选框工具绘制选区时，不要松开鼠标，按住 Spacebar（空格）键的同时拖曳鼠标，即可移动选区。绘制出选区后，使用键盘中的方向键，可以将选区沿各方向移动 1 个像素；绘制出选区后，使用 Shift+方向组合键，可以将选区沿各方向移动 10 个像素。

3.2.3　调整选区

"调整边缘"命令可以对现有的选区进行更深入的修改。选择菜单"选择 > 调整边缘"命令，弹出"调整边缘"对话框，如图 3-59 所示。

半径：可以调整选区与图像边缘之间的距离，数值越大，选区越靠近图像边缘。对比度：可以调整边缘的虚化程度，数值越大，边缘越锐化。平滑：当选区的边缘非常生硬或有明显的锯齿时，可以用于使选区边缘变得平滑。羽化：用于柔化选区边缘。收缩/扩展：向左拖曳滑块可以收缩选区，向右拖曳滑块可以扩展选区。预览方式：可以应用 5 种不同的预览方式，标准 、快速蒙版 、黑底 、白底 、蒙版 ，显示出图像的效果，如图 3-60 所示。

图 3-59

图 3-60

3.2.4　羽化选区

在图像中绘制不规则选区，如图 3-61 所示，选择菜单"选择 > 修改 > 羽化"命令，弹出"羽化选区"对话框，设置羽化半径的数值，如图 3-62 所示，单击"确定"按钮，选区被羽化。将选区反选，效果如图 3-63 所示，在选区中填充颜色后，效果如图 3-64 所示。

还可以在绘制选区前，在所使用工具的属性栏中直接输入羽化的数值，如图 3-65 所示，此时，绘制的选区自动成为带有羽化边缘的选区。

| 图 3-61 | 图 3-62 | 图 3-63 |

图 3-64 图 3-65

3.2.5 创建和取消选区

选择菜单"选择 > 取消选择"命令，或按 Ctrl+D 组合键，可以取消选区。

3.2.6 全选和反选选区

全选：选择所有像素，即指将图像中的所有图像全部选取。选择菜单"选择 > 全部"命令，或按 Ctrl+A 组合键，即可选取全部图像，效果如图 3-66 所示。

反选：选择菜单"选择 > 反向"命令，或按 Shift+Ctrl+I 组合键，可以对当前的选区进行反向选取，效果如图 3-67、图 3-68 所示。

图 3-66 图 3-67 图 3-68

3.3 课堂练习——制作风景插画

练习知识要点：使用魔棒工具、多边形套索工具、磁性套索工具绘制不规则选区，使用移动工具移动选区中的图像，效果如图 3-69 所示。

效果所在位置：光盘/Ch03/效果/制作风景插画.psd。

图 3-69

3.4 课后习题——制作手表招贴

习题知识要点：使用椭圆选框工具、多边形套索工具绘制选区，使用羽化选区命令制作选区的羽化效果，使用反选和删除命令制作图片的融合效果，效果如图 3-70 所示。

效果所在位置：光盘/Ch03/效果/制作手表招贴.psd。

图 3-70

第

4章

绘制图像

本章将主要介绍 Photoshop CS4 画笔工具的使用方法以及填充工具的使用技巧。通过本章的学习，可以应用画笔工具绘制出丰富多彩的图像效果，应用填充工具制作出多样的填充效果。

【教学目标】

- 绘图工具的使用。
- 应用历史记录画笔和颜色替换工具。
- 渐变工具和油漆桶工具。
- 填充工具与描边命令。

4.1 绘图工具的使用

使用绘图工具是绘画和编辑图像的基础。画笔工具可以绘制出各种绘画效果。铅笔工具可以绘制出各种硬边效果的图像。

4.1.1 课堂案例——制作音乐视听海报

案例学习目标：学习使用画笔工具绘制不同的装饰图形。

案例知识要点：使用画笔工具绘制草地和枫叶装饰图形，如图 4-1 所示。

效果所在位置：光盘/Ch04/效果/制作音乐视听海报.psd。

图 4-1

Step 01 按 Ctrl + O 组合键，打开光盘中的"Ch04 > 素材 > 制作音乐视听海报 > 01"文件，如图 4-2 所示。新建图层并将其命名为"黑色画笔"。将前景色设为黑色。

Step 02 选择"画笔"工具 ，在属性栏中单击"画笔"选项右侧的按钮 ，在弹出的画笔选择面板中选择需要的画笔形状，如图 4-3 所示。单击属性栏中的"切换画笔调板"按钮 ，弹出"画笔"控制面板，选中"画笔笔尖形状"选项，切换到相应的面板，在面板中进行设置，如图 4-4 所示。在图像窗口的下方拖曳鼠标绘制图形，效果如图 4-5 所示。

图 4-2

图 4-3

图 4-4

图 4-5

Step 03 按 Ctrl + O 组合键，打开光盘中的"Ch04 > 素材 > 制作音乐视听海报 > 02 文件。选择"移动"工具 ，拖曳树枝图片到图像窗口的右侧，如图 4-6 所示，在"图层"控制面板中生成新的图层并将其命名为"树枝"，如图 4-7 所示。

图 4-6   图 4-7

`Step 04` 新建图层并将其命名为 "枫叶"。将前景色设为红色（其 R、G、B 的值分别为 255、17、0），背景色设为橙色（其 R、G、B 的值分别为 255、195、0）。选择 "画笔" 工具 🖉，在属性栏中单击 "画笔" 选项右侧的按钮 ·，在弹出的画笔选择面板中选择需要的画笔形状，如图 4-8 所示。在 "画笔" 控制面板中选中 "画笔笔尖形状" 选项，在弹出的 "画笔笔尖形状" 面板中进行设置，如图 4-9 所示，在树枝图形上拖曳鼠标绘制枫叶，效果如图 4-10 所示。

图 4-8   图 4-9   图 4-10

`Step 05` 新建图层并将其命名为 "小草"。将前景色设为黑色。选择 "画笔" 工具 🖉，在属性栏中单击 "画笔" 选项右侧的按钮 ·，在弹出的画笔选择面板中选择需要的画笔形状，如图 4-11 所示。在 "画笔" 控制面板中，取消 "颜色动态" 选项的勾选，选中 "画笔笔尖形状" 选项，在弹出的 "画笔笔尖形状" 面板中进行设置，如图 4-12 所示，在图像窗口的下方绘制小草图形，效果如图 4-13 所示。

图 4-11   图 4-12   图 4-13

Step 06 按 Ctrl + O 组合键，打开光盘中的"Ch04 > 素材 > 制作音乐视听海报 > 03"文件。选择"移动"工具 ，拖曳树枝图片到图像窗口的左侧，如图 4-14 所示，在"图层"控制面板中生成新的图层并将其命名为"文字"，如图 4-15 所示。音乐视听海报绘制完成。

图 4-14　　　　　　　　　　　　　　　　图 4-15

4.1.2　画笔工具

选择"画笔"工具 ，或反复按 Shift+B 组合键，其属性栏的效果如图 4-16 所示。

图 4-16

画笔：用于选择预设的画笔。模式：用于选择混合模式，选择不同的模式，用喷枪工具操作时，将产生丰富的效果。不透明度：可以设定画笔的不透明度。流量：用于设定喷笔压力，压力越大，喷色越浓。喷枪 ：可以选择喷枪效果。

使用画笔工具：选择"画笔"工具 ，在画笔工具属性栏中设置画笔，如图 4-17 所示，在图像中单击鼠标并按住不放，拖曳鼠标可以绘制出如图 4-18 所示的效果。

图 4-17　　　　　　　　　　　　　　　　　　　　　　　　图 4-18

选择画笔：在画笔工具属性栏中单击"画笔"选项右侧的按钮 ，弹出如图 4-19 所示的画笔选择面板，在画笔选择面板中可以选择画笔形状。

拖曳"主直径"选项下方的滑块或直接输入数值，可以设置画笔的大小。如果选择的画笔是基于样本的，将显示"使用取样大小"按钮 使用取样大小 ，单击此按钮，可以使画笔的直径恢复到初始的大小。

图 4-19　　　　　图 4-20　　　　　图 4-21

单击"画笔"选择面板右侧的三角形按钮 ，在弹出的下拉菜单中选择"小缩览图"命令，如图 4-20 所示，"画笔"选择面板的显示效果如图 4-21 所示。

新建画笔预设：用于建立新画笔。重命名画笔：用于重新命名画笔。删除画笔：用于删除当前选中的画笔。纯文本：以文字描述方式显示画笔选择面板。小缩览图：以小图标方式显示画笔选择面板。大缩览图：以大图标方式显示画笔选择面板。小列表：以小文字和图标列表方式显示画笔选择面板。大列表：以大文字和图标列表方式显示画笔选择面板。描边缩览图：以笔划的方式显示画笔选择面板。预设管理器：用于在弹出的预置管理器对话框中编辑画笔。复位画笔：用于恢复默认状态的画笔。载入画笔：用于将存储的画笔载入面板。存储画笔：用于将当前的画笔进行存储。替换画笔：用于载入新画笔并替换当前画笔。

在画笔选择面板中单击"从此画笔创建新的预设"按钮 ，弹出如图 4-22 所示的"画笔名称"对话框。单击画笔工具属性栏中的"切换画笔调板"按钮 ，弹出如图 4-23 所示的"画笔"控制面板。

图 4-22   图 4-23

4.1.3　铅笔工具

选择"铅笔"工具 ，或反复按 Shift+B 组合键，其属性栏的效果如图 4-24 所示。

图 4-24

画笔：用于选择画笔。模式：用于选择混合模式。不透明度：用于设定不透明度。自动抹除：用于自动判断绘画时的起始点颜色，如果起始点颜色为背景色，则铅笔工具将以前景色绘制，反之如果起始点颜色为前景色，铅笔工具则会以背景色绘制。

使用铅笔工具：选择"铅笔"工具 ，在其属性栏中选择笔触大小，并选择"自动抹除"选项，如图 4-25 所示，此时绘制效果与鼠标所单击的起始点颜色有关，当鼠标单击的起始点像素与前景色相同时，"铅笔"工具 将行使"橡皮擦"工具 的功能，以背景色绘图；如果鼠标单击的起始点颜色不是前景色，绘图时仍然会保持以前景色绘制。

将前景色和背景色分别设定为紫色和白色，在属性栏中勾选"自动抹除"选项，在图像中单击鼠标，画出一个紫色图形，在紫色图形上单击绘制下一个图形，颜色就会变成白色，重复以上操作，效果如图 4-26 所示。

图 4-25　　　　　　　　　　　　　　　　　　　图 4-26

4.2 应用历史记录画笔和颜色替换工具

历史记录艺术画笔工具主要用于将图像恢复到以前某一历史状态，以形成特殊的图像效果。颜色替换工具用于更改图像中某对象的颜色。

4.2.1　课堂案例——制作油画效果

案例学习目标：学会应用历史记录面板制作油画效果，使用调色命令和滤镜命令制作图像效果。

案例知识要点：使用快照命令、不透明度命令、历史记录艺术画笔工具制作油画效果。使用去色、色相/饱和度命令调整图片的颜色。使用混合模式命令、浮雕效果滤镜为图片添加浮雕效果，如图 4-27 所示。

效果所在位置：光盘/Ch04/效果/制作油画效果.psd。

1. 制作背景图像

Step 01　按 Ctrl + O 组合键，打开光盘中的 "Ch04 > 素材 > 制作油画效果 > 01" 文件，图像效果如图 4-28 所示。选择菜单 "窗口 > 历史记录" 命令，弹出 "历史记录" 控制面板，单击面板右上方的图标 ，在

图 4-27

弹出的菜单中选择 "新建快照" 命令，在弹出的对话框中进行设置，如图 4-29 所示，单击 "确定" 按钮。

图 4-28　　　　　　　　　　　　　图 4-29

Step 02　选择 "图层" 控制面板，单击控制面板下方的 "创建新图层" 按钮 ，生成新的图层

并将其命名为"黑色填充"。将前景色设为黑色，按 Alt+Delete 组合键，用前景色填充图层。在"图层"控制面板上方，将"黑色填充"图层的"不透明度"选项设为 80%，效果如图 4-30 所示。

Step 03　单击"图层"控制面板下方的"创建新图层"按钮 ，生成新的图层并将其命名为"向日葵"。选择"历史记录艺术画笔"工具 ，在属性栏中单击"画笔"选项右侧的按钮 ，弹出画笔选择面板，单击右上方的按钮 ，在弹出的菜单中选择"干介质画笔"选项，弹出提示对话框，单击"确定"按钮。在画笔选择面板中选择需要的画笔形状，将"主直径"选项设为 60px，如图 4-31 所示。在画笔属性栏中进行设置，如图 4-32 所示。在图像窗口中拖曳鼠标绘制向日葵图形，效果如图 4-33 所示。

图 4-30　　　　　　　　　　　　　　　图 4-31

图 4-32　　　　　　　　　　　　　　　图 4-33

Step 04　单击"黑色填充"和"背景"图层左侧的眼睛图标 ，将"黑色填充"、"背景"图层隐藏，观看绘制的情况，如图 4-34 所示。继续拖曳鼠标涂抹，直到笔刷铺满图像窗口，单击"黑色填充"和"背景"图层左侧的空白图标 ，显示出隐藏的图层，效果如图 4-35 所示。

图 4-34　　　　　　　　　　　　　　　图 4-35

2．调整图片颜色

Step 01　选择菜单"图像 > 调整 > 色相/饱和度"命令，在弹出的对话框中进行设置，如图 4-36
所示，单击"确定"按钮，效果如图 4-37 所示。

Step 02　将"向日葵"图层拖曳到控制面板下方的"创建新图层"按钮 ⬜ 上进行复制，生成新
的图层"向日葵 副本"。选择菜单"图像 > 调整 > 去色"命令，将图像去色，如图 4-38 所示。

　　　　图 4-36　　　　　　　　　　　图 4-37　　　　　　　　图 4-38

Step 03　在"图层"控制面板上方，将"向日葵 副本"图层的混合模式设为"叠加"，如图 4-39
所示，效果如图 4-40 所示。

　　　　　图 4-39　　　　　　　　　　　　图 4-40

Step 04　选择菜单"滤镜 > 风格化 > 浮雕效果"命令，在弹出的对话框中进行设置，如图 4-41
所示，单击"确定"按钮，效果如图 4-42 所示。

　　　　　图 4-41　　　　　　　　　　　图 4-42

Step 05 选择"横排文字"工具 T，在属性栏中选择合适的字体并设置文字大小，分别输入需要的黑色文字，如图 4-43 所示，在"图层"控制面板中生成新的文字图层，如图 4-44 所示。油画效果制作完成，如图 4-45 所示。

图 4-43   图 4-44   图 4-45

4.2.2　历史记录画笔工具

历史记录画笔工具是与"历史记录"控制面板结合起来使用的，主要用于将图像的部分区域恢复到以前某一历史状态，以形成特殊的图像效果。

为图片添加滤镜效果，如图 4-46 所示，"历史记录"控制面板中的效果如图 4-47 所示。

图 4-46   图 4-47

选择"椭圆选框"工具 ○，在其属性栏中将"羽化"选项设为 50，在图像上绘制一个椭圆形选区，如图 4-48 所示。选择"历史记录画笔"工具 ，在"历史记录"控制面板中单击"打开"步骤左侧的方框，设置历史记录画笔的源，显示出图标 ，如图 4-49 所示。

图 4-48   图 4-49

用"历史记录画笔"工具 在选区中涂抹，如图 4-50 所示，取消选区后效果如图 4-51 所示。"历史记录"控制面板中的效果如图 4-52 所示。

图 4-50　　　　　　　　　　　图 4-51　　　　　　　　　　　图 4-52

4.2.3　历史记录艺术画笔工具

历史记录艺术画笔工具和历史记录画笔工具的用法基本相同。区别在于使用历史记录艺术画笔绘图时可以产生艺术效果。选择"历史记录艺术画笔"工具 $\mathscr{D}$ ，其属性栏如图 4-53 所示。

图 4-53

样式：用于选择一种艺术笔触。区域：用于设置画笔绘制时所覆盖的像素范围。容差：用于设置画笔绘制时的间隔时间。

原图效果如图 4-54 所示，用颜色填充图像，效果如图 4-55 所示，"历史记录"控制面板中的效果如图 4-56 所示。

图 4-54　　　　　　　　图 4-55　　　　　　　　图 4-56

在"历史记录"控制面板中单击 "打开"步骤左侧的方框，设置历史记录画笔的源，显示出图标 $\mathscr{D}$ ，如图 4-57 所示。选择"历史记录艺术画笔"工具 $\mathscr{D}$ ，在其属性栏中进行设置，如图 4-58 所示。

图 4-57　　　　　　　　　　　　　　图 4-58

用"历史记录艺术画笔"工具 $\mathscr{D}$ 在图像上涂抹，效果如图 4-59 所示，"历史记录"控制面板中的效果如图 4-60 所示。

图 4-59   图 4-60

4.2.4 颜色替换工具

颜色替换工具：颜色替换工具能够简化图像中特定颜色的替换。可以使用校正颜色在目标颜色上绘画。颜色替换工具不适用于"位图"、"索引"或"多通道"颜色模式的图像。

选择"颜色替换"工具 ，其属性栏如图 4-61 所示。

图 4-61

使用颜色替换工具：原始图像的效果如图 4-62 所示，调出"颜色"控制面板和"色板"控制面板，在"颜色"控制面板中设置前景色，如图 4-63 所示，在"色板"控制面板中单击"创建前景色的新色板"按钮 ，将设置的前景色存放在控制面板中，如图 4-64 所示。

图 4-62   图 4-63   图 4-64

选择"颜色替换"工具 ，在属性栏中进行设置，如图 4-65 所示，在图像上需要上色的区域直接涂抹，进行上色，效果如图 4-66 所示。

图 4-65   图 4-66

4.3 渐变工具和油漆桶工具

应用渐变工具可以创建多种颜色间的渐变效果，油漆桶工具可以改变图像的色彩，吸管工具可以吸取需要的色彩。

4.3.1 课堂案例——制作杂色渐变背景

案例学习目标：学习使用渐变填充工具、图像大小命令和裁剪工具制作出需要的效果。

案例知识要点：使用渐变工具、裁剪工具、木刻滤镜命令、马赛克滤镜命令和不透明度命令制作杂色渐变背景效果，如图4-67 所示。

效果所在位置：光盘\Ch04\效果\制作杂色背景效果.psd。

图 4-67

Step 01 按 Ctrl + N 组合键，新建一个文件：宽度为 5cm，高度为 5cm，分辨率为 200 像素/英寸，颜色模式为 RGB，背景内容为白色，单击"确定"按钮。

Step 02 选择"渐变"工具，单击属性栏中的"点按可编辑渐变"按钮，弹出"渐变编辑器"对话框，选择"预设"右侧的按钮，在弹出的菜单中选择"杂色样本"选项，弹出提示对话框，单击"确定"按钮。选择"预设"选项框中的"亮丽色谱"选项，并设置"粗糙度"选项为100，多次单击"随机化"按钮 随机化(Z) ，得到需要的渐变，如图 4-68 所示，单击"确定"按钮。在属性栏中选择"线性渐变"按钮，按住 Shift 键的同时，在图像窗口中由上至下的拖曳渐变色，效果如图 4-69 所示。

Step 03 选择菜单"图像 > 图像大小"命令，在弹出的对话框中进行设置，如图 4-70 所示，单击"确定"按钮。

图 4-68

图 4-69

图 4-70

Step 04 选择"裁剪"工具，在图像窗口中拖曳出一个裁剪框，如图 4-71 所示，按 Enter 键确认操作，效果如图 4-72 所示。

图 4-71   图 4-72

Step 05 选择菜单"滤镜 > 艺术效果 > 木刻"命令，在弹出的对话框中进行设置，如图 4-73 所示，单击"确定"按钮，效果如图 4-74 所示。

图 4-73   图 4-74

Step 06 按 Ctrl+N 组合键，新建一个文件，宽度为 30 厘米，高度为 21 厘米，分辨率为 300 像素/英寸，颜色模式为 RGB，背景内容为白色，单击"确定"按钮。选择"移动"工具 ，将制作出的木刻图形拖曳到新建的图像窗口中，在"图层"控制面板中将生成新的图层命名为"图形"。

Step 07 按 Ctrl+T 组合键，在图形周围出现变换框，在框中单击鼠标右键，在弹出的菜单中选择"旋转 90 度（顺时针）"命令，将图形旋转，并向外拖曳控制手柄将图形放大，按 Enter 键确认操作，效果如图 4-75 所示。

Step 08 选择"裁剪"工具，在属性栏中进行设置如图 4-76 所示，在图像窗口中拖曳出一个裁剪框，如图 4-77 所示，按 Enter 键确认操作，效果如图 4-78 所示。

| 耳 ▾ | 宽度: 7.8 厘米 | ⇄ | 高度: 7.8 厘米 | 分辨率: 300 | 像素/英寸 | ▾ |

图 4-75   图 4-76

图 4-77　　　　　　　　　　　　　　　　　　　　　图 4-78

Step 09　选择菜单"滤镜 > 像素化 > 马赛克"命令，在弹出的对话框中进行设置，如图 4-79 所示，单击"确定"按钮，效果如图 4-80 所示。按 Ctrl+O 组合键，分别打开光盘中的"Ch04 > 素材 > 制作杂色渐变背景 > 01、02"文件，选择"移动"工具，分别将素材图片拖曳到图像窗口中适当的位置，并调整大小，效果如图 4-81 所示，在"图层"控制面板中生成新的图层并将其命名为"文字"、"人物"。杂色渐变背景效果制作完成。

图 4-79　　　　　　　　　　　　图 4-80　　　　　　　　　　　　图 4-81

4.3.2　油漆桶工具

选择"油漆桶"工具 ◇，或反复按 Shift+G 组合键，其属性栏如图 4-82 所示。

图 4-82

图案 ：在其下拉列表中选择填充的是前景色或是图案。 ：用于选择定义好的图案。模式：用于选择着色的模式。不透明度：用于设定不透明度。容差：用于设定容差的范围，数值越小，容差越小，填充的区域也越小。消除锯齿：用于消除边缘锯齿。连续的：用于设定填充方式。所有图层：用于选择是否对所有可见层进行填充。

选择"油漆桶"工具 ◇，在其属性栏中对"容差"选项进行不同的设定，如图 4-83、图 4-84 所示，用油漆桶工具在图像中填充颜色，不同的填充效果如图 4-85、图 4-86 所示。

图 4-83

图 4-84

图 4-85   图 4-86

在油漆桶工具属性栏中设置图案，如图 4-87 所示，用油漆桶工具在图像中填充图案，效果如图 4-88 所示。

图 4-87   图 4-88

4.3.3 吸管工具

选择"吸管"工具 ，属性栏中的显示效果如图 4-89 所示。

> **提示**：按 I 键或反复按 Shift+I 组合键可以调出"吸管"工具。

选择"吸管"工具 ，用鼠标在图像中需要的位置单击，当前的前景色将变为吸管吸取的颜色，在"信息"控制面板中将观察到吸取颜色的色彩信息，效果如图 4-90 所示。

图 4-89   图 4-90

4.3.4 渐变工具

选择"渐变"工具 ，或反复按 Shift+G 组合键，其属性栏如图 4-91 所示。

图 4-91

渐变工具包括线性渐变工具、径向渐变工具、角度渐变工具、对称渐变工具、菱形渐变工具。
███████ ▼ ：用于选择和编辑渐变的色彩。██████：用于选择各类型的渐变工具。模式：用于选择着色的模式。不透明度：用于设定不透明度。反向：用于反向产生色彩渐变的效果。仿色：用于使渐变更平滑。透明区域：用于产生不透明度。

如果自定义渐变形式和色彩，可单击"点按可编辑渐变"按钮

图 4-92

███████ ▼ ，在弹出的"渐变编辑器"对话框中进行设置，如图 4-92 所示。

在"渐变编辑器"对话框中，单击颜色编辑框下方的适当位置，可以增加颜色色标，如图 4-93 所示。颜色可以进行调整，可以在对话框下方的"颜色"选项中选择颜色，或双击刚建立的颜色色标，弹出"选择色标颜色"对话框，如图 4-94 所示，在其中选择适合的颜色，单击"确定"按钮，颜色即可改变。颜色的位置也可以进行调整，在"位置"选项的数值框中输入数值或用鼠标直接拖曳颜色色标，都可以调整颜色的位置。

图 4-93

图 4-94

任意选择一个颜色色标，如图 4-95 所示，单击对话框下方的"删除"按钮 ▭ 删除(D)，或按 Delete 键，可以将颜色色标删除，如图 4-96 所示。

图 4-95

图 4-96

在对话框中单击颜色编辑框左上方的黑色色标，如图 4-97 所示，调整"不透明度"选项的数值，可以使开始的颜色到结束的颜色显示为半透明的效果，如图 4-98 所示。

图 4-97

图 4-98

在对话框中单击颜色编辑框的上方，出现新的色标，如图 4-99 所示，调整"不透明度"选项的数值，可以使新色标的颜色向两边的颜色出现过度式的半透明效果，如图 4-100 所示。如果想删除新的色标，单击对话框下方的"删除"按钮　　删除(D)　，或按 Delete 键，即可将其删除。

图 4-99 　　　　　　　　　　　　图 4-100

4.4 填充工具与描边命令

应用填充命令和定义图案命令可以为图像添加颜色和定义好的图案效果，应用描边命令可以为图像描边。

4.4.1 课堂案例——制作心形背景图像

案例学习目标：学习使用渐变填充工具和填充命令制作出需要的图像效果。

案例知识要点：使用渐变工具制作背景效果，使用图案填充命令制作心形背景图像，如图 4-101 所示。

效果所在位置：光盘\Ch04\效果\制作心形背景图像.psd。

1．绘制背景和心形图案

Step 01　按 Ctrl+N 组合键，新建一个文件：宽度为 15 厘米，高度为 15 厘米，分辨率为 300 像素/英寸，颜色模式为 RGB，背景内容为白色，单击"确定"按钮。

图 4-101

Step 02　选择"渐变"工具，单击属性栏中的"点按可编辑渐变"按钮，弹出"渐变编辑器"对话框，将渐变色设为从淡粉色（其 R、G、B 的值分别为 255、159、234）到粉红色（其 R、G、B 的值分别为 219、0、94），如图 4-102 所示，单击"确定"按钮。在属性栏中选择"线性渐变"按钮，在图像窗口中由左上方至中心拖曳渐变，效果如图 4-103 所示。

图 4-102 　　　　　　　　　　　图 4-103

Step 03 新建图层并将其命名为 "形状图形"。将前景色设为黑色。选择 "自定形状" 工具 ，
单击属性栏中的 "形状" 选项，弹出 "形状" 面板，单击面板右上方的按钮 ，在弹出的菜单中选
择 "形状" 选项，弹出提示对话框，单击 "追加" 按钮。在 "形状" 面板中选中图形 "红心形卡"，
如图 4-104 所示。单击属性栏中的 "填充像素" 按钮 ，在图像窗口中绘制图形。按 Ctrl+T 组合
键，在图形周围出现控制手柄，调整图形的大小，按 Enter 键确认操作，效果如图 4-105 所示。

Step 04 选择 "椭圆" 工具 ，单击属性栏中的 "填充像素" 按钮 ，按住 Shift 键的同时，在
图像窗口中绘制多个圆形，效果如图 4-106 所示。

图 4-104　　　　　　　　　　图 4-105　　　　　　　　　　图 4-106

Step 05 按 Ctrl+T 组合键，在图形周围出现变换框，将鼠标光标放在变换框的控制手柄外边，光标
变为旋转图标 ，拖曳鼠标将图形旋转到适当的角度，按 Enter 键确认操作，效果如图 4-107 所示。

Step 06 将前景色设为粉红色（其 R、G、B 的值分别为 246、86、133）。按住 Ctrl 键的同时，
单击 "形状图形" 的缩览图，在图形周围生成选区。按 Alt+Delete 组合键，用前景色填充选区，按
Ctrl+D 组合键，取消选区，效果如图 4-108 所示。

图 4-107　　　　　　　　　　图 4-108

Step 07 单击 "背景" 图层左边的眼睛图标 ，隐藏 "背景" 图层。选择 "矩形选框" 工具 ，
在图像窗口中绘制选区，效果如图 4-109 所示。选择菜单 "编辑 > 定义图案" 命令，在弹出的对
话框中进行设置，如图 4-110 所示，单击 "确定" 按钮。按 Delete 键，删除选区中的图形，按 Ctrl+D
组合键，取消选区。单击 "背景" 图层左边的眼睛图标 ，显示 "背景" 图层。

图 4-109　　　　　　　　　　　　　　　　图 4-110

Step 08 单击"图层"控制面板下方的"创建新的填充或调整图层"按钮 ⊘,，在弹出的菜单中选择"图案"命令，在"图层"控制面板中生成"图案填充 1"图层，同时在弹出的"图案填充"对话框中进行设置，如图 4-111 所示，单击"确定"按钮，效果如图 4-112 所示。

图 4-111　　　　　　　　　　　　图 4-112

2．绘制装饰矩形

Step 01 新建图层并将其命名为"矩形 1"。将前景色设为深红色（其 R、G、B 的值分别为 159、54、89）。选择"矩形"工具 ▢,，单击属性栏中的"填充像素"按钮 ▢,，在图像窗口绘制矩形，如图 4-113 所示。在"图层"控制面板上方，将"矩形 1"图层的"不透明度"选项设为 30%，效果如图 4-114 所示。

图 4-113　　　　　　　　　　　　图 4-114

Step 02 新建图层并将其命名为"矩形 2"。选择"矩形"工具 ▢,，在图像窗口绘制矩形，如图 4-115 所示。在"图层"控制面板上方，将"矩形 2"图层的"不透明度"选项设为 60%，效果如图 4-116 所示。

图 4-115　　　　　　　　　　　　图 4-116

Step 03 新建图层并将其命名为"矩形 3"。将前景色设为粉红色（其 R、G、B 的值分别为 251、79、137）。选择"矩形"工具 ▢,，在图像窗口中绘制矩形，如图 4-117 所示。在"图层"控制面板上方，将"矩形 3"图层的"不透明度"选项设为 40%，效果如图 4-118 所示。

Step 04 按 Ctrl+O 组合键，打开光盘中的 "Ch04 > 素材 > 制作心形背景图像 > 01" 文件。选择 "移动" 工具 ▸⊕，拖曳文字到图像窗口中适当的位置，效果如图 4-119 所示，在 "图层" 控制面板中生成新的图层并将其命名为 "装饰文字"。心形背景图像效果制作完成。

图 4-117　　　　　　　　　　图 4-118　　　　　　　　　　图 4-119

4.4.2　填充命令

填充命令对话框：选择菜单 "编辑 > 填充" 命令，弹出 "填充" 对话框，如图 4-120 所示。

使用：用于选择填充方式，包括使用前景色、背景色、颜色、图案、历史记录、黑色、50%灰色、白色进行填充。模式：用于设置填充模式。不透明度：用于调整不透明度。

填充颜色：在图像中绘制选区，如图 4-121 所示。选择菜单 "编辑 > 填充" 命令，弹出 "填充" 对话框，进行设置后效果如图 4-122 所示，单击 "确定" 按钮，填充的效果如图 4-123 所示。

图 4-120

图 4-121　　　　　　　　　　图 4-122　　　　　　　　　　图 4-123

> ⓘ **提示**：按 Alt+Backspace 组合键，将使用前景色填充选区或图层。按 Ctrl+Backspace 组合键，将使用背景色填充选区或图层。按 Delete 键，将删除选区中的图像，露出背景色或下面的图像。

4.4.3　自定义图案

在图像上绘制出要定义为图案的选区，如图 4-124 所示，选择菜单 "编辑 > 定义图案" 命令，弹出 "图案名称" 对话框，如图 4-125 所示，单击 "确定" 按钮，图案定义完成。按 Ctrl+D 组合键，取消选区。

图 4-124   图 4-125

选择菜单"编辑 > 填充"命令，弹出"填充"对话框，在"自定图案"选择框中选择新定义的图案，如图 4-126 所示，单击"确定"按钮，图案填充的效果如图 4-127 所示。

图 4-126   图 4-127

在"填充"对话框的"模式"选项中选择不同的填充模式，如图 4-128 所示，单击"确定"按钮，填充的效果如图 4-129 所示。

图 4-128   图 4-129

4.4.4 描边命令

描边命令：选择菜单"编辑 > 描边"命令，弹出"描边"对话框，如图 4-130 所示。

描边：用于设定边线的宽度和边线的颜色。位置：用于设定所描边线相对于区域边缘的位置，包括内部、居中和居外 3 个选项。混合：用于设置描边模式和不透明度。

制作描边效果：选中要描边的文字，生成选区，效果如图 4-131 所示。选择菜单"编辑 > 描边"命令，弹出"描边"对话框，如图 4-132 所示进行设定，单击"确定"按钮，按 Ctrl+D 组合键，取消选区，文字描边的效果如图 4-133 所示。

图 4-130

图 4-131　　　　　　　　　　图 4-132　　　　　　　　　　图 4-133

如果在"描边"对话框中，将"模式"选项设置为"差值"，如图 4-134 所示，单击"确定"按钮，按 Ctrl+D 组合键，取消选区，文字描边的效果如图 4-135 所示。

图 4-134　　　　　　　　　　　　　　图 4-135

4.5 课堂练习——制作风景油画

练习知识要点：使用快照命令、不透明度命令、历史记录艺术画笔工具制作油画效果，效果如图 4-136 所示。

效果所在位置：光盘/Ch04/效果/制作风景油画.psd。

图 4-136

4.6 课后习题——制作洗衣机广告

习题知识要点：使用椭圆选框工具、描边命令和渐变填充工具绘制中心的装饰图形，使用橡皮擦工具擦除图像中不需要的图像，使用选框工具和羽化命令制作光晕效果，使用画笔工具绘制亮光图形，效果如图 4-137 所示。

效果所在位置：光盘/Ch04/效果/制作洗衣机广告.psd。

图 4-137

第5章

修饰图像

本章将主要介绍 Photoshop CS4 修饰图像的方法与技巧。通过本章的学习，要了解和掌握修饰图像的基本方法与操作技巧，应用相关工具快速地仿制图像、修复污点、消除红眼、把有缺陷的图像修复完整。

【教学目标】

- 修复与修补工具。
- 修饰工具。
- 橡皮擦工具。

5.1 修复与修补工具

修图工具用于对图像的细微部分进行修整，是在处理图像时不可缺少的工具。

5.1.1 课堂案例——修复照片

案例学习目标：学习使用修图工具修复图像。

案例知识要点：使用修补工具修复图像，如图 5-1 所示。

效果所在位置：光盘/Ch05/效果/修复照片.psd。

图 5-1

Step 01 按 Ctrl + O 组合键，打开光盘中的"Ch05 > 素材 > 修复照片 > 01"文件，图像效果如图 5-2 所示。

Step 02 选择"修补"工具 ，属性栏中的设置如图 5-3 所示，在图像窗口中拖曳鼠标圈选杂物区域，生成选区，如图 5-4 所示。在选区中单击并按住鼠标不放，将选区拖曳到左上方无杂物的位置，如图 5-5 所示，松开鼠标，选区中的杂物图像被新放置的选取位置的海水图像所修补。按 Ctrl+D 组合键，取消选区，效果如图 5-6 所示。

图 5-2

图 5-3

图 5-4

图 5-5

图 5-6

Step 03 在图像窗口中再次拖曳鼠标圈选杂物区域，生成选区，如图 5-7 所示。在选区中单击并按住鼠标不放，将选区拖曳到左上方无杂物的位置，如图 5-8 所示，松开鼠标，选区中的杂物图像被新放置的选取位置的海水图像所修补。按 Ctrl+D 组合键，取消选区，效果如图 5-9 所示。使用相同的方法修复天空中其余杂物，效果如图 5-10 所示。

图 5-7

图 5-8

图 5-9

图 5-10

Step 04 选择修补工具属性栏中的"目标"选项。在图像窗口中拖曳鼠标绘制选区，如图 5-11 所示。再将选区拖曳到要修补的图像区域，如图 5-12 所示，圈选区域中的图像修补了杂物图像，按 Ctrl+D 组合键，取消选区，如图 5-13 所示。

图 5-11

图 5-12

图 5-13

Step 05 再次在图像窗口中拖曳鼠标绘制选区，如图 5-14 所示。再将选区多次拖曳到要修补的图像区域，如图 5-15 所示，圈选区域中的图像修补了杂物图像，按 Ctrl+D 组合键，取消选区，如图 5-16 所示。使用相同的方法修复船上其余杂物，效果如图 5-17 所示。修复照片效果制作完成。

图 5-14

图 5-15

图 5-16   图 5-17

5.1.2　修补工具

修补工具：选择"修补"工具 ，或反复按 Shift+J 组合键，其属性栏如图 5-18 所示。

图 5-18

新选区 □：去除旧选区，绘制新选区。增加选区 □：在原有选区的上面再增加新的选区。减去选区 □：在原有选区上减去新选区的部分。重叠选区 □：选择新旧选区重叠的部分。

使用修补工具：用"修补"工具 圈选图像中的化妆品，如图 5-19 所示。选择修补工具属性栏中的"源"选项，在选区中单击并按住鼠标不放，移动鼠标将选区中的图像拖曳到需要的位置，如图 5-20 所示。释放鼠标，选区中的化妆品被新放置的选取位置的图像所修补，效果如图 5-21 所示。按 Ctrl+D 组合键，取消选区，修补的效果如图 5-22 所示。

图 5-19   图 5-20

图 5-21   图 5-22

选择修补工具属性栏中的"目标"选项，用"修补"工具 圈选图像中的区域，如图 5-23 所示。再将选区拖曳到要修补的图像区域，如图 5-24 所示，圈选区域中的图像修补了化妆品图像，如图 5-25 所示。按 Ctrl+D 组合键，取消选区，修补效果如图 5-26 所示。

图 5-23　　　　　　　　　　　　　　图 5-24

图 5-25　　　　　　　　　　　　　　图 5-26

5.1.3　修复画笔工具

修复画笔工具：选择"修复画笔"工具 ，或反复按 Shift+J 组合键，属性栏如图 5-27 所示。

图 5-27

模式：在其弹出菜单中可以选择复制像素或填充图案与底图的混合模式。源：选择"取样"选项后，按住 Alt 键，鼠标光标变为圆形十字图标，单击定下样本的取样点，释放鼠标，在图像中要修复的位置单击并按住鼠标不放，拖曳鼠标复制出取样点的图像；选择"图案"选项后，在"图案"面板中选择图案或自定义图案来填充图像。对齐：勾选此复选框，下一次的复制位置会和上次的完全重合。图像不会因为重新复制而出现错位。

设置修复画笔：可以选择修复画笔的大小。单击"画笔"选项右侧的按钮 ，在弹出的"画笔"面板中，可以设置画笔的直径、硬度、间距、角度、圆度和压力大小，如图 5-28 所示。

使用修复画笔工具："修复画笔"工具可以将取样点的像素信息非常自然地复制到图像的破损位置，并保持图像的亮度、饱和度、纹理等属性。使用"修复画笔"工具修复照片的过程如图 5-29、图 5-30、图 5-31 所示。

图 5-28

图 5-29

图 5-30

图 5-31

5.1.4　图案图章工具

图案图章工具：图案图章工具 可以以预先定义的图案为复制对象进行复制。选择"图案图章"工具 ，或反复按 Shift+S 组合键，其属性栏如图 5-32 所示。

图 5-32

使用图案图章工具：选择"图案图章"工具 ，在要定义为图案的图像上绘制选区，如图 5-33 所示。选择菜单"编辑 > 定义图案"命令，弹出"图案名称"对话框，如图 5-34 所示，单击"确定"按钮，定义选区中的图像为图案。

图 5-33

图 5-34

在图案图章工具属性栏中选择定义好的图案，如图 5-35 所示，按 Ctrl+D 组合键，取消图像中的选区。选择"图案图章"工具 ，在合适的位置单击并按住鼠标不放，拖曳鼠标复制出定义好的图案，效果如图 5-36 所示。

图 5-35

图 5-36

5.1.5　课堂案例——修复脸部斑点

案例学习目标：学习多种修图工具修复人物照片。

图 5-37

案例知识要点：使用缩放命令调整图像大小，使用红眼工具去除人物红眼，使用污点修复画笔工具和仿制图章工具修复人物图像上的斑点，使用模糊工具模糊图像，如图 5-37 所示。

效果所在位置：光盘/Ch05/效果/修复脸部斑点.psd。

1.修复人物红眼

Step 01 按 Ctrl + O 组合键，打开光盘中的 "Ch05 > 素材 > 修复脸部斑点 > 01" 文件，图像效果如图 5-38 所示。选择 "缩放" 工具，在图像窗口中鼠标光标变为放大工具图标，单击鼠标将图像放大，效果如图 5-39 所示。

Step 02 选择 "红眼" 工具，属性栏中的设置为默认值，如图 5-40 所示，在人物眼睛上的红色区域单击鼠标，去除红眼，效果如图 5-41 所示。

图 5-38

图 5-39

图 5-40

图 5-41

2.修复人物脸部斑纹

Step 01 选择 "污点修复画笔" 工具，单击 "画笔" 选项右侧的按钮，弹出画笔选择面板，在面板中进行设置，如图 5-42 所示。在属性栏中的设置如图 5-43 所示。人物脸部和胳膊上的斑点如图 5-44 所示，用鼠标在斑点上单击，如图 5-45 所示，斑点被清除，如图 5-46 所示。用相同的方法清除脸部和胳膊上的其他斑点，效果如图 5-47 所示。

图 5-42

图 5-43

图 5-44   图 5-45

图 5-46   图 5-47

Step 02 选择"缩放"工具 🔍，再次将图像放大，效果如图 5-48 所示。选择"仿制图章"工具 🔖，在属性栏中单击"画笔"选项右侧的按钮 ，弹出画笔选择面板，在面板中选择需要的画笔形状，如图 5-49 所示。将仿制图章工具放在脸部需要取样的位置，按住 Alt 键，鼠标光标变为圆形十字图标 ⊕，如图 5-50 所示，单击鼠标确定取样点。将鼠标光标放置在需要修复的斑点上，如图 5-51 所示，单击鼠标去掉斑点，效果如图 5-52 所示。用相同的方法，去除人物脸部的其余斑点，效果如图 5-53 所示。

图 5-48   图 5-49   图 5-50

图 5-51   图 5-52   图 5-53

Step 03 选择"模糊"工具 💧，属性栏中的设置如图 5-54 所示。在属性栏中单击"画笔"选项右侧的按钮 ，弹出画笔选择面板，在面板中选择需要的画笔形状，如图 5-55 所示。在人物脸部涂抹，让脸部图像变得自然柔和，效果如图 5-56 所示。修复人物脸部斑点制作完成，效果如图 5-57 所示。

图 5-54

图 5-55　　　　　　　　　图 5-56　　　　　　　　　图 5-57

5.1.6　仿制图章工具

■ 仿制图章工具：选择仿制图章工具，或反复按 Shift+S 组合键，其属性栏如图 5-58 所示。

图 5-58

画笔：用于选择画笔。模式：用于选择混合模式。不透明度：用于设定不透明度。流量：用于设定扩散的速度。对齐：用于控制是否在复制时使用对齐功能。

使用仿制图章工具：选择仿制图章工具，将仿制图章工具放在图像中需要复制的位置，按住 Alt 键，鼠标光标变为圆形十字图标，如图 5-59 所示，单击定下取样点，释放鼠标，在合适的位置单击并按住鼠标不放，拖曳鼠标复制出取样点的图像，效果如图 5-60 所示。

图 5-59　　　　　　　　　图 5-60

5.1.7　红眼工具

■ 选择"红眼"工具，或反复按 Shift+J 组合键，其属性栏如图 5-61 所示。

图 5-61

瞳孔大小：用于设置瞳孔的大小。变暗量：用于设置瞳孔的暗度。

5.1.8　模糊工具

■ 模糊工具：选择"模糊"工具，或反复按 Shift+R 组合键，其属性栏如图 5-62 所示。

图 5-62

画笔：用于选择画笔的形状。模式：用于设定模式。强度：用于设定压力的大小。

对所有图层取样：用于确定模糊工具是否对所有可见层起作用。

使用模糊工具：选择"模糊"工具 ，在模糊工具属性栏中，如图 5-63 所示进行设定，在图像中单击并按住鼠标不放，拖曳鼠标使图像产生模糊的效果。原图像和模糊后的图像效果如图 5-64、图 5-65 所示。

图 5-63

图 5-64   图 5-65

5.1.9　污点修复画笔工具

污点修复画笔工具：污点修复画笔工具不需要制定样本点，将自动从所修复区域的周围取样。选择"污点修复画笔"工具 ，或反复按 Shift+J 组合键，属性栏如图 5-66 所示。

图 5-66

使用污点修复画笔工具：选择"污点修复画笔"工具 ，在"污点修复画笔"工具属性栏中，如图 5-67 所示进行设定，原始图像如图 5-68 所示，在要修复的污点图像上拖曳鼠标，如图 5-69 所示，释放鼠标，污点被去除，效果如图 5-70 所示。

图 5-67

图 5-68   图 5-69   图 5-70

5.2 修饰工具

修饰工具用于对图像进行修饰，使图像产生不同的变化效果。

5.2.1　课堂案例——制作装饰画

案例学习目标：使用多种修饰工具调整图像颜色。

案例知识要点：使用加深工具、减淡工具、锐化工具和涂抹工具制作图像，如图 5-71 所示。

效果所在位置：光盘/Ch05/效果/制作装饰画.psd。

图 5-71

Step 01　按 Ctrl + O 组合键，打开光盘中的"Ch05 > 素材 > 制作装饰画 > 01"文件，图像效果如图 5-72 所示。按 Ctrl + O 组合键，打开光盘中的"Ch05 > 素材 > 制作装饰画 > 02"文件，选择"移动"工具 ，将花朵图片拖曳到杯子图像的下方位置，效果如图 5-73 所示，在"图层"控制面板中生成新的图层并将其命名为"花朵"。

Step 02　选择"加深"工具 ，在属性栏中单击"画笔"选项右侧的按钮 ，弹出画笔选择面板，在面板中选择需要的画笔形状，将"主直径"选项设为 125px，如图 5-74 所示。属性栏中的设置为默认值，在花朵图像上拖曳鼠标，加深图像的颜色，效果如图 5-75 所示。

图 5-72　　　　　　　　图 5-73　　　　　　　　图 5-74　　　　　　　　图 5-75

Step 03　选择"减淡"工具 ，在属性栏中单击"画笔"选项右侧的按钮 ，弹出画笔选择面板，在面板中选择需要的画笔形状，如图 5-76 所示。属性栏中的设置为默认值，在花瓣图像的边缘拖曳鼠标，将花瓣的边缘颜色减淡，效果如图 5-77 所示。

图 5-76　　　　　　　　　　　図 5-77

Step 04 选择"锐化"工具 △，在属性栏中单击"画笔"选项右侧的按钮·，弹出画笔选择面板，在面板中选择需要的画笔形状，如图 5-78 所示。属性栏中的设置为默认值，在花蕊上拖曳鼠标，将花蕊部分的图像锐化，效果如图 5-79 所示。

图 5-78   图 5-79

Step 05 选择"模糊"工具 ○，画笔选项的设置同上，在属性栏中的设置为默认值，在花朵图像上拖曳鼠标，将花朵图像进行模糊处理，效果如图 5-80 所示。

Step 06 按 Ctrl + O 组合键，打开光盘中的"Ch05 > 素材 > 制作装饰画 > 03"文件，选择"移动"工具 ⊕，将文字拖曳到图像窗口的上方，效果如图 5-81 所示，在"图层"控制面板中生成新的图层并将其命名为"文字"。装饰画效果制作完成。

图 5-80   图 5-81

5.2.2 锐化工具

锐化工具：选择"锐化"工具 △，或反复按 Shift+R 组合键，属性栏如图 5-82 所示。其属性栏中的内容与模糊工具属性栏的选项内容类似。

图 5-82

使用锐化工具：选择"锐化"工具 △，在锐化工具属性栏中，如图 5-83 所示进行设定，在图像中的奶油上单击并按住鼠标不放，拖曳鼠标使奶油图像产生锐化的效果。原图像和锐化后的图像效果如图 5-84、图 5-85 所示。

图 5-83   图 5-84   图 5-85

5.2.3　加深工具

加深工具：选择"加深"工具 ，或反复按 Shift+O 组合键，其属性栏如图 5-86 所示。其属性栏中的内容与减淡工具属性栏选项内容的作用正好相反。

图 5-86

使用加深工具：选择"加深"工具 ，在加深工具属性栏中，如图 5-87 所示进行设定，在图像中杯子的奶油部分单击并按住鼠标不放，拖曳鼠标使奶油图像产生加深的效果。原图像和加深后的图像效果如图 5-88 和图 5-89 所示。

图 5-87　　　　　　　　　　　　　　　　　图 5-88　　　　　图 5-89

5.2.4　减淡工具

减淡工具：选择"减淡"工具 ，或反复按 Shift+O 组合键，其属性栏如图 5-90 所示。

图 5-90

画笔：用于选择画笔的形状。范围：用于设定图像中所要提高亮度的区域。曝光度：用于设定曝光的强度。

使用减淡工具：选择"减淡"工具 ，在减淡工具属性栏中，如图 5-91 所示进行设定，在图像中杯子的奶油部分单击并按住鼠标不放，拖曳鼠标使奶油图像产生减淡的效果。原图像和减淡后的图像效果如图 5-92 和图 5-93 所示。

图 5-91　　　　　　　　　　　　　　　　　图 5-92　　　　　图 5-93

5.2.5　海绵工具

海绵工具：选择"海绵"工具 ，或反复按 Shift+O 组合键，其属性栏如图 5-94 所示。

图 5-94

画笔：用于选择画笔的形状。模式：用于设定饱和度处理方式。流量：用于设定扩散的速度。

使用海绵工具：选择"海绵"工具 ，在海绵工具属性栏中，如图 5-95 所示进行设定，在图像中杯子的奶油部分单击并按住鼠标不放，拖曳鼠标使奶油图像增加色彩饱和度。原图像和使用海绵工具后的图像效果如图 5-96、图 5-97 所示。

图 5-95　　　　　　　图 5-96　　　　　　图 5-97

5.2.6　涂抹工具

涂抹工具：选择"涂抹"工具 ，或反复按 Shift+R 组合键，其属性栏如图 5-98 所示。其属性栏中的内容与模糊工具属性栏的选项内容类似，增加的"手指绘画"复选框，用于设定是否按前景色进行涂抹。

图 5-98

使用涂抹工具：选择"涂抹"工具 ，在涂抹工具属性栏中，如图 5-99 所示进行设定，在图像中杯子的奶油部分单击并按住鼠标不放，拖曳鼠标使奶油产生卷曲的效果。原图像和涂抹后的图像效果如图 5-100 和图 5-101 所示。

图 5-99　　　　　　　图 5-101　　　　　　图 5-102

5.3 橡皮擦工具

擦除工具包括橡皮擦工具、背景橡皮擦工具和魔术橡皮擦工具，应用擦除工具可以擦除指定图像的颜色，还可以擦除颜色相近区域中的图像。

5.3.1 课堂案例——制作文字变形

案例学习目标：学习使用绘图工具绘制图形，使用擦除工具擦除多余的图像。

案例知识要点：使用文字工具添加文字，使用矩形选框工具绘制选区，使用自定形状工具制作装饰图形，使用画笔描边路径为路径进行描边，如图 5-103 所示。

效果所在位置：光盘/Ch05/效果/制作文字变形.psd。

图 5-103

1．制作装饰图形

Step 01 按 Ctrl + O 组合键，打开光盘中的"Ch05 > 素材 > 制作文字变形 > 01"文件，图像效果如图 5-104 所示。选择"横排文字"工具 T，在属性栏中选择合适的字体并设置大小，在图像窗口中鼠标光标变为 ⅠI 图标，单击鼠标左键，此时出现一个文字的插入点，输入需要的白色文字，如图 5-105 所示，在控制面板中生成新的文字图层，如图 5-106 所示。

图 5-104　　　　　　　　　　图 5-105　　　　　　　　　　图 5-106

Step 02 在文字图层上单击鼠标右键，在弹出的菜单中选择"栅格化文字"命令，将文字图层转换为图像图层，如图 5-107 所示。单击"图层"控制面板下方的"创建新图层"按钮 ，生成新的图层并将其命名为"矩形"。选择"矩形选框"工具 ，选中属性栏中的"添加到选区"按钮 ，在字母"S"的上方和下方分别绘制选区，如图 5-108 所示。

图 5-107　　　　　　　　　　　　　图 5-108

Step 03 按 D 键，将工具箱中的前景色和背景色恢复为默认的黑白两色。按 Ctrl+Delete 组合键，用白色填充选区，按 Ctrl+D 组合键，取消选区，效果如图 5-109 所示。选择"缩放"工具 🔍，在图像窗口中鼠标光标变为放大工具 ⊕，单击鼠标放大图像，效果如图 5-110 所示。

图 5-109   图 5-110

Step 04 选择"橡皮擦"工具 🩹，在属性栏中单击"画笔"选项右侧的按钮·，弹出画笔选择面板，在面板中选择需要的画笔形状，如图 5-111 所示。属性栏中的设置为默认值，拖曳鼠标擦除字母"S"上多余的白色块，效果如图 5-112 所示。

图 5-111   图 5-112

Step 05 单击"图层"控制面板下方的"创建新图层"按钮 ◻，生成新的图层并将其命名为"矩形 2"。选择"矩形选框"工具 ▢，在字母"K"的上方和下方分别绘制选区，如图 5-113 所示。按 Ctrl+Delete 组合键，用白色填充选区，按 Ctrl+D 组合键，取消选区。选择"缩放"工具 🔍，在图像窗口中鼠标光标变为放大工具 ⊕，单击鼠标放大图像，如图 5-114 所示。

图 5-113   图 5-114

Step 06 选择"橡皮擦"工具 🩹，选项的设置同上，在图像窗口中拖曳鼠标擦除字母"K"上多余的白色块，效果如图 5-115 所示。

Step 07 单击"图层"控制面板下方的"创建新图层"按钮 ◻，生成新的图层并将其命名为"矩形 3"。选择 "矩形选框" 工具 ▦，在图像窗口中绘制多个选区，如图 5-116 所示。用前景色填充选区后取消选区，效果如图 5-117 所示。

图 5-115　　　　　　　　　　图 5-116　　　　　　　　　　图 5-117

Step 08　单击 "图层" 控制面板下方的 "创建新图层" 按钮 ▣，生成新的图层并将其命名为 "矩形 4"。选择 "矩形选框" 工具 ▦，在字母 "G" 的上方绘制选区。用白色填充选区后取消选区，效果如图 5-118 所示。选择 "橡皮擦" 工具 ▱，选项的设置同上，在字母 "G" 上拖曳鼠标擦除多余的白色块，效果如图 5-119 所示。

图 5-118　　　　　　　　　　　　　　　图 5-119

2 .制作鸟图形

Step 01　单击 "图层" 控制面板下方的 "创建新图层" 按钮 ▣，生成新图层并将其命名为 "白色描边"。选择 "自定形状" 工具 ⬗，单击属性栏中的 "形状" 选项，弹出 "形状" 面板，单击右上方的按钮 ▸，在弹出的菜单中选择 "全部" 选项，弹出提示对话框，单击 "追加" 按钮。在 "形状" 面板中选中 "鸟 2" 图形，如图 5-120 所示。在属性栏中选中 "路径" 按钮 ▨，在图像窗口中绘制路径，效果如图 5-121 所示。

图 5-120　　　　　　　　　　　　图 5-121

Step 02　选择 "画笔" 工具 ✎，在属性栏中单击 "画笔" 选项右侧的按钮·，弹出画笔选择面板，在面板中选择需要的画笔形状，如图 5-122 所示。单击 "路径" 控制面板下方的 "用画笔描边路径"

按钮 ⃝ ，在控制面板空白处单击鼠标隐藏路径，如图 5-123 所示，图像效果如图 5-124 所示。将 "白色描边" 图层拖曳到控制面板下方的 "创建新图层" 按钮 ⊔ 上进行复制，生成新的副本图层 "白色描边 副本"，如图 5-125 所示，选择 "移动" 工具 ⯆ ，将复制图形拖曳到适当的位置并调整 其大小，效果如图 5-126 所示。

图 5-122

图 5-123

图 5-124

图 5-125

图 5-126

Step 03 按 Ctrl + O 组合键，打开光盘中的 "Ch05 > 素材 > 制作文字变形 > 02" 文件，选择 "移 动" 工具 ⯆ ，将文字拖曳到图像窗口的左上方，效果如图 5-127 所示，在 "图层" 控制面板中生 成新的图层并将其命名为 "文字说明"。文字的变形效果制作完成，如图 5-128 所示。

图 5-127

图 5-128

5.3.2　橡皮擦工具

▋橡皮擦工具：选择"橡皮擦"工具 ，或反复按 Shift+E 组合键，其属性栏如图 5-129 所示。

图 5-129

画笔：用于选择橡皮擦的形状和大小。模式：用于选择擦除的笔触方式。不透明度：用于设定不透明度。流量：用于设定扩散的速度。抹到历史记录：用于确定以"历史"控制面板中确定的图像状态来擦除图像。

使用橡皮擦工具：选择"橡皮擦"工具 ，在图像中单击并按住鼠标拖曳，可以擦除图像。用背景色的白色擦除图像后效果如图 5-130 所示。用透明色擦除图像后效果如图 5-131 所示。

图 5-130　　　　　　　　　　　　　　　　图 5-131

5.3.3　背景橡皮擦工具

▋背景色橡皮擦工具：背景色橡皮擦工具可以用来擦除指定的颜色，指定的颜色显示为背景色。选择"背景色橡皮擦"工具 ，或反复按 Shift+E 组合键，其属性栏如图 5-132 所示。

画笔：用于选择橡皮擦的形状和大小。限制：用于选择擦除界限。容差：用于设定容差值。保护前景色：用于保护前景色不被擦除。

图 5-132

使用背景色橡皮擦工具：选择"背景色橡皮擦"工具 ，在背景色橡皮擦工具属性栏中，如图 5-133 所示进行设定，在图像中使用背景色橡皮擦工具擦除图像，擦除前后的对比效果如图 5-134、图 5-135 所示。

图 5-133

图 5-134　　　　　　　　　　　　　　　　图 5-135

5.3.4 魔术橡皮擦工具

▌ 魔术橡皮擦工具：魔术橡皮擦工具可以自动擦除颜色相近区域中的图像。选择 "魔术橡皮擦" 工具 ，或反复按 Shift+E 组合键，其属性栏如图 5-136 所示。

图 5-136

容差：用于设定容差值，容差值的大小决定 "魔术橡皮擦" 工具擦除图像的面积。消除锯齿：用于消除锯齿。连续：作用于当前层。对所有图层取样：作用于所有层。不透明度：用于设定不透明度。

使用魔术橡皮擦工具：选择 "魔术橡皮擦" 工具 ，魔术橡皮擦工具属性栏中的选项为默认值，用 "魔术橡皮擦" 工具擦除图像，效果如图 5-137 所示。

图 5-137

5.4 课堂练习——制作向日葵插画

练习知识要点：使用修补工具去除昆虫，使用矩形选框工具和橡皮擦工具绘制模糊线条，如图 5-138 所示。

效果所在位置：光盘/Ch05/效果/制作向日葵插画.psd。

图 5-138

5.5 课后习题——制作心灵驿站插画

习题知识要点：使用渐变工具制作背景，使用画笔工具绘制装饰圆点，使用魔术橡皮擦工具擦除部分图像制作透明背景效果，如图 5-139 所示。

效果所在位置：光盘/Ch05/效果/制作心灵驿站插画.psd。

图 5-139

第 6 章　编辑图像

本章将主要介绍 Photoshop CS4 编辑图像的基础方法，包括应用图像编辑工具、调整图像的尺寸、移动或复制图像、裁剪图像、变换图像等。通过本章的学习，要了解并掌握图像的编辑方法和应用技巧，快速地应用命令对图像进行适当的编辑与调整。

【教学目标】

- 图像编辑工具。
- 图像的移动、复制和删除。
- 图像的裁切和图像的变换。

6.1 图像编辑工具

使用图像编辑工具对图像进行编辑和整理，可以提高用户编辑和处理图像的效率。

6.1.1 课堂案例——制作宣传画

案例学习目标：学习使用图像编辑工具对图像进行裁剪编辑。

案例知识要点：使用标尺工具、任意角度命令、裁剪工具制作人物照片。使用注释工具为图像添加注释，如图 6-1 所示。

效果所在位置：光盘/Ch06/效果/制作宣传画.psd。

Step 01 　按 Ctrl + O 组合键，打开光盘中的"Ch06 > 素材 > 制作宣传画 > 01"文件，图像效果如图 6-2 所示。选择"标尺"工具 ，在图像窗口的左侧单击鼠标确定测量的起点，向右拖曳鼠标出现测量的线段，再次单击鼠标，确定测量的终点，如图 6-3 所示，在"信息"控制面板中出现相关信息，如图 6-4 所示。

图 6-1

图 6-2　　　　　　　图 6-3　　　　　　　　　　图 6-4

Step 02 　选择菜单"图像 > 旋转画布 > 任意角度"命令，在弹出的"旋转画布"对话框中进行设置，如图 6-5 所示，单击"确定"按钮，效果如图 6-6 所示。

图 6-5　　　　　　　　　　　　图 6-6

Step 03 　选择"裁剪"工具 ，在图像窗口中拖曳鼠标，绘制矩形裁切框，效果如图 6-7 所示，按 Enter 键确认操作，效果如图 6-8 所示。

图 6-7 图 6-8

Step 04 选择"附注"工具 ，在图像窗口中单击鼠标，显示注释图标，如图 6-9 所示，同时弹出"注释"面板，如图 6-10 所示。在面板中输入注释文字，效果如图 6-11 所示。宣传画效果制作完成。

图 6-9 图 6-10 图 6-11

6.1.2 注释类工具

注释类工具可以为图像增加注释，其中包括文字注释和语音注释。

附注工具：选择"附注"工具 ，或反复按 Shift+N 组合键，附注工具的属性栏如图 6-12 所示。

图 6-12

作者：用于输入作者姓名。

颜色：用于设置注释窗口的颜色。

清除全部：用于清除所有注释。

选择"注释"工具 ，在图像窗口中单击鼠标，显示注释图标，如图 6-13 所示，同时弹出"注释"面板，如图 6-14 所示。在面板中输入注释文字，效果如图 6-15 所示。

图 6-13 图 6-14 图 6-15

将鼠标光标放到图像窗口左上方的注释图标上并单击鼠标右键，弹出其快捷菜单，在菜单中选择"并闭注释"命令，关闭"注释"面板，如图 6-16 所示。单击注释图标并按住鼠标不放，可以将注释图标拖曳到图像中的任意位置，如图 6-17 所示。

将鼠标光标放到注释图标上并单击鼠标右键，弹出其快捷菜单，在菜单中选择"打开注释"命令，如图 6-18 所示，可以打开"注释"面板，效果如图 6-19 所示。

图 6-16　　　　图 6-17　　　　图 6-18　　　　图 6-19

6.1.3　标尺工具

标尺工具可以在图像中测量任意两点之间的距离，并可以用来测量角度。选择"标尺"工具，或反复按 Shift+I 组合键，标尺工具的属性栏如图 6-20 所示。

图 6-20

6.1.4　抓手工具

选择"抓手"工具，在图像中鼠标光标变为抓手，在放大的图像中拖曳鼠标，可以观察图像的每个部分，效果如图 6-21 所示。直接用鼠标拖曳图像周围的垂直和水平滚动条，也可观察图像的每个部分，效果如图 6-22 所示。

图 6-21　　　　　　　　　　图 6-22

提示：如果正在使用其他的工具进行工作，按住 Spacebar 键，可以快速切换到"抓手"工具。

6.2 图像的移动、复制和删除

在 Photoshop CS4 中，可以非常便捷地移动、复制和删除图像。

6.2.1 课堂案例——制作插画背景

案例学习目标：学习使用移动命令和复制命令制作图像。

案例知识要点：使用圆角矩形工具、椭圆形工具、移动命令和复制命令制作插画背景效果图，如图 6-23 所示。

效果所在位置：光盘/Ch06/效果/制作插画背景.psd。

图 6-23

Step 01 按 Ctrl + N 组合键，新建一个文件，宽度为 20cm，高度为 16cm，分辨率为 200 像素/英寸，颜色模式为 RGB，背景内容为白色，单击"确定"按钮。将前景色设为黄绿色（其 R、G、B 的值分别为 234、255、0），按 Alt+Delete 组合键，用前景色填充"背景"图层。

Step 02 单击"图层"控制面板下方的"创建新图层"按钮 🔲，生成新的图层并将其命名为"图形"。将前景色设为绿色（其 R、G、B 的值分别为 112、175、12）。选择"圆角矩形"工具 🔲，选中属性栏中的"路径"按钮 🔲，按住 Shift 键的同时，在图像窗口中绘制圆角矩形，如图 6-24 所示。用相同的方法再绘制一个圆角矩形，如图 6-25 所示。选择"椭圆"工具 🔵，选中属性栏中的"路径"按钮 🔲，按住 Shift 键的同时，分别在圆角矩形两侧绘制圆形，效果如图 6-26 所示。

图 6-24　　　　　　　　　　图 6-25　　　　　　　　　　图 6-26

Step 03 按 Ctrl+Alt+T 组合键，路径周围出现控制手柄并复制出新的路径，按键盘上的向左方向键，移动路径到适当的位置，按 Enter 键确认操作，如图 6-27 所示。连续按 Shift+Ctrl+Alt+T 组合键，按需要复制出多个图形，效果如图 6-28 所示。使用相同的方法，按需要复制出多个图形，效果如图 6-29 所示。

图 6-27   图 6-28   图 6-29

Step 04 按 Ctrl+Enter 组合键，路径转换为选区，如图 6-30 所示。按 Alt+Delete 组合键，用前景色填充选区，按 Ctrl+D 组合键，取消选区，效果如图 6-31 所示。按 Ctrl + O 组合键，打开光盘中的 "Ch06 > 素材 > 制作插画背景 > 01" 文件，选择 "移动" 工具 ，将人物图像拖曳到图像窗口中适当的位置并调整其大小，效果如图 6-32 所示，在 "图层" 控制面板中生成新图层并将其命名为 "人物"。插画背景效果制作完成。

图 6-30   图 6-31   图 6-32

6.2.2 图像的移动

在同一文件中移动图像：原始图像效果如图 6-33 所示。选择 "移动" 工具 ，在属性栏中勾选 "自动选择" 复选框，并将 "自动选择" 选项设为 "图层"，如图 6-34 所示，用鼠标选中黄色圆球，黄色圆球所在图层被选中，将黄色圆球向左上拖曳，效果如图 6-35 所示。

图 6-33   图 6-34   图 6-35

在不同文件中移动图像：打开一幅玻璃球图像，选择 "椭圆选框" 工具 绘制选区，选择 "移动" 工具 ，将光标置于选区中，拖曳鼠标将选区中的图像移动到新的文件中，如图 6-36 所示，松开鼠标，效果如图 6-37 所示。

图 6-36　　　　　　　　　　　　　　　　　图 6-37

6.2.3　图像的复制

要在操作过程中随时按需要复制图像，就必须掌握复制图像的方法。在复制图像前，要选择将复制的图像区域，如果不选择图像区域，将不能复制图像。

使用移动工具复制图像：使用"椭圆选框"工具　选中要复制的图像区域，如图 6-38 所示。选择"移动"工具　，将鼠标光标放在选区中，鼠标光标变为　图标，如图 6-39 所示，按住 Alt 键，鼠标光标变为　图标，如图 6-40 所示，单击鼠标并按住不放，拖曳选区中的图像到适当的位置，释放鼠标和 Alt 键，图像复制完成，效果如图 6-41 所示。

图 6-38　　　　　　　　　　图 6-39

图 6-40　　　　　　　　　　图 6-41

使用菜单命令复制图像：使用"椭圆选框"工具　选中要复制的图像区域，如图 6-42 所示，选择菜单"编辑 > 拷贝"命令或按 Ctrl+C 组合键，将选区中的图像复制，这时屏幕上的图像并没有变化，但系统已将拷贝的图像复制到剪贴板中。

选择菜单"编辑 > 粘贴"命令或按 Ctrl+V 组合键，将剪贴板中的图像粘贴在图像的新图层中，复制的图像在原图的上方，如图 6-43 所示，使用"移动"工具 ⊕ 可以移动复制出的图像，效果如图 6-44 所示。

图 6-42   图 6-43   图 6-44

6.2.4　图像的删除

在删除图像前，需要选择要删除的图像区域，如果不选择图像区域，将不能删除图像。

使用菜单命令删除图像：在需要删除的图像上绘制选区，如图 6-45 所示，选择菜单"编辑 > 清除"命令，将选区中的图像删除，按 Ctrl+D 组合键，取消选区，效果如图 6-46 所示。

图 6-45   图 6-46

> **提示**：删除后的图像区域由背景色填充。如果在某一图层中，删除后的图像区域将显示下面一层的图像。

使用快捷键删除图像：在需要删除的图像上绘制选区，按 Delete 键或 Backspace 键，可以将选区中的图像删除。按 Alt+Delete 组合键或 Alt+Backspace 组合键，也可将选区中的图像删除，删除后的图像区域由前景色填充。

6.3 图像的裁切和图像的变换

通过图像的裁切和图像的变换，可以设计制作出丰富多变的图像效果。

6.3.1 课堂案例——制作请柬展示效果

案例学习目标：通过使用图像的变换命令和添加图层样式命令制作请柬展示图。

案例知识要点：使用扭曲命令扭曲变形图形，使用添加图层样式命令为图像添加阴影，使用钢笔工具、羽化命令和不透明度命令制作图像的投影效果，如图 6-47 所示。

效果所在位置：光盘/Ch06/效果/制作请柬展示效果.psd。

图 6-47

Step 01 按 Ctrl + O 组合键，打开光盘中的"Ch06 > 素材 > 制作请柬展示效果 > 01"文件，图像效果如图 6-48 所示。

Step 02 按 Ctrl + O 组合键，打开光盘中的"Ch06 > 素材 > 制作请柬展示效果 > 02"文件，选择"移动"工具，将请柬图片拖曳到图像窗口的中间，效果如图 6-49 所示，在"图层"控制面板中生成新图层并将其命名为"请柬"。

Step 03 选择菜单"编辑 > 变换 > 扭曲"命令，图像周围出现变换框，分别拖曳右下方、左下方、左下方、右下方的 4 个控制手柄，改变请柬图片的倾斜度，分别如图 6-50、6-51、6-52、6-53、所示，按 Enter 键确认操作。

图 6-48　　　　　　　图 6-49　　　　　　　图 6-50

图 6-51　　　　　　　图 6-52　　　　　　　图 6-53

Step 04 单击"图层"控制面板下方的"添加图层样式"按钮 *fx.*，在弹出的菜单中选择"投影"命令，弹出对话框，将阴影颜色设为黑色，其他选项的设置如图 6-54 所示，单击"确定"按钮，效果如图 6-55 所示。

图 6-54　　　　　　　　　　　图 6-55

Step 05　选择"移动"工具 ▶♣，再次将 02 素材图片拖曳到图像窗口中，如图 6-56 所示，"图层"控制面板生成新的图层并将其命名为"请柬 2"。选择菜单"编辑 > 变换 > 扭曲"命令，图像周围出现变换框，分别拖曳左上方、右上方、左下方的控制手柄，改变请柬 2 图片的倾斜度，按 Enter 键确认操作，效果如图 6-57 所示。

图 6-56　　　　　　　　　　　图 6-57

Step 06　单击"图层"控制面板下方的"添加图层样式"按钮 _fx_，在弹出的菜单中选择"投影"命令，弹出对话框，将阴影颜色设为黑色，其他选项的设置如图 6-58 所示，单击"确定"按钮，效果如图 6-59 所示。

图 6-58　　　　　　　　　　　图 6-59

Step 07　单击"图层"控制面板下方的"创建新图层"按钮 ⬚，生成新的图层并将其命名为"投影"。将前景色设为黑色。选择"钢笔"工具 ✎，选中属性栏中的"路径"按钮 ▨，在图像窗口中绘制图形，如图 6-60 所示。按 Ctrl+Enter 组合键，将路径转换为选区，按 Shift+F6 组合键，弹出"羽化选区"对话框，选项的设置如图 6-61 所示，单击"确定"按钮，按 Alt+Delete 组合键，用前景色填充选区，效果如图 6-62 所示。

图 6-60　　　　　　　　　图 6-61　　　　　　　　　图 6-62

Step 08 在"图层"控制面板上方将"不透明度"选项设为 15%，效果如图 6-63 所示。在"图层"控制面板中将"投影"图层拖曳至"请柬 2"图层的下方，如图 6-64 所示，窗口中的效果如图 6-65 所示。请柬展示效果制作完成。

图 6-63　　　　　　　　　图 6-64　　　　　　　　　图 6-65

6.3.2　图像的裁切

　　如果图像中含有大面积的纯色区域或透明区域，可以应用裁切命令进行操作。原始图像效果如图 6-66 所示，选择菜单"图像 > 裁切"命令，弹出"裁切"对话框，在对话框中进行设置，如图 6-67 所示，单击"确定"按钮，效果如图 6-68 所示。

图 6-66　　　　　　　　　图 6-67　　　　　　　　　图 6-68

　　透明像素：如果当前图像的多余区域是透明的，则选择此选项。左上角像素颜色：根据图像左上角的像素颜色，来确定裁切的颜色范围。右下角像素颜色：根据图像右下角的像素颜色，来确定裁切的颜色范围。裁切掉：用于设置裁切的区域范围。

6.3.3　图像画布的变换

图像画布的变换将对整个图像起作用。选择菜单"图像 > 旋转画布"命令，其下拉菜单如图 6-69 所示。

画布变换的多种效果，如图 6-70 所示。

| 180 度(1) |
| 90 度(顺时针)(9) |
| 90 度(逆时针)(0) |
| 任意角度(A)... |
| 水平翻转画布(H) |
| 垂直翻转画布(V) |

图 6-69

原图像　　　　　　　　180°　　　　　　　　90°（顺时针）

90°（逆时针）　　　　水平翻转画布　　　　垂直翻转画布

图 6-70

选择"任意角度"命令，弹出"旋转画布"对话框，进行设置后的效果如图 6-71 所示，单击"确定"按钮，画布被旋转，效果如图 6-72 所示。

图 6-71

图 6-72

6.3.4 图像选区的变换

使用菜单命令变换图像的选区：在操作过程中可以根据设计和制作需要变换已经绘制好的选区。在图像中绘制选区后，选择菜单"编辑 > 自由变换"或"变换"命令，可以对图像的选区进行各种变换。"变换"命令的下拉菜单如图 6-73 所示。

在图像中绘制选区，如图 6-74 所示。选择"缩放"命令，拖曳控制手柄，可以对图像选区自由的缩放，如图 6-75 所示。选择"旋转"命令，旋转控制手柄，可以对图像选区自由的旋转，如图 6-76 所示。

再次(A)	Shift+Ctrl+T
缩放(S)	
旋转(R)	
斜切(K)	
扭曲(D)	
透视(P)	
变形(W)	
旋转 180 度(1)	
旋转 90 度(顺时针)(9)	
旋转 90 度(逆时针)(0)	
水平翻转(H)	
垂直翻转(V)	

图 6-73

图 6-74　　　　　　　　图 6-75　　　　　　　　图 6-76

选择"斜切"命令，拖曳控制手柄，可以对图像选区进行斜切调整，如图 6-77 所示。选择"扭曲"命令，拖曳控制手柄，可以对图像选区进行扭曲调整，如图 6-78 所示。选择"透视"命令，拖曳控制手柄，可以对图像选区进行透视调整，如图 6-79 所示。

图 6-77　　　　　　　　图 6-78　　　　　　　　图 6-79

选择"旋转 180 度"命令，可以将图像选区旋转 180°，如图 6-80 所示。选择"旋转 90 度（顺时针）"命令，可以将图像选区顺时针旋转 90°，如图 6-81 所示。选择"旋转 90 度（逆时针）"命令，可以将图像选区逆时针旋转 90°，如图 6-82 所示。

图 6-80　　　　　　　　图 6-81　　　　　　　　图 6-82

选择"水平翻转"命令，可以将图像水平翻转，如图 6-83 所示。选择"垂直翻转"命令，可以将图像垂直翻转，如图 6-84 所示。

图 6-83　　　　　　　　　　图 6-84

使用快捷键变换图像的选区：在图像中绘制选区，按 Ctrl+T 组合键，选区周围出现控制手柄，拖曳控制手柄，可以对图像选区自由的缩放。按住 Shift 键的同时，拖曳控制手柄，可以等比例缩放图像选区。

如果在变换后仍要保留原图像的内容，按 Ctrl+Alt+T 组合键，选区周围出现控制手柄，向选区外拖曳选区中的图像，会复制出新的图像，原图像的内容将被保留，效果如图 6-85 所示。

按 Ctrl+T 组合键，选区周围出现控制手柄，将鼠标光标放在控制手柄外边，鼠标光标变为↰图标，旋转控制手柄可以将图像旋转，效果如图 6-86 所示。如果旋转之前改变旋转中心的位置，旋转图像的效果将随之改变，如图 6-87 所示。

图 6-85　　　　　　　　图 6-86　　　　　　　　图 6-87

按住 Ctrl 键的同时，任意拖曳变换框的 4 个控制手柄，可以使图像任意变形，效果如图 6-88 所示。按住 Alt 键的同时，任意拖曳变换框的 4 个控制手柄，可以使图像对称变形，效果如图 6-89 所示。

图 6-88　　　　　　　　　图 6-89

按住 Ctrl+Shift 组合键，拖曳变换框中间的控制手柄，可以使图像斜切变形，效果如图 6-90 所示。按住 Ctrl+Shift+Alt 组合键，任意拖曳变换框的 4 个控制手柄，可以使图像透视变形，效果如图 6-91 所示。按住 Shift+Ctrl+T 组合键，可以再次应用上一次使用过的变换命令。

图 6-90　　　　　　　　　　　　　图 6-91

6.4 课堂练习——制作双景物图像

练习知识要点：使用水平翻转命令翻转图像，使用图层的混合模式命令制作图像的合成效果，效果如图 6-92 所示。

效果所在位置：光盘/Ch06/效果/制作双景物图像.psd。

图 6-92

6.5 课后习题——修复倾斜照片

习题知识要点：使用变换命令旋转图片，使用裁切命令制作图片裁切效果，效果如图 6-93 所示。

效果所在位置：光盘/Ch06/效果/修复倾斜照片.psd。

图 6-93

第 **7** 章

绘制图形及路径

本章将主要介绍路径的绘制、编辑方法以及图形的绘制与应用技巧。通过本章的学习，可以快速地绘制所需路径并对路径进行修改和编辑，还可应用绘图工具绘制出系统自带的图形，提高了图像制作的效率。

【教学目标】

- 绘制图形。
- 绘制和选取路径。

7.1 绘制图形

路径工具极大地加强了 Photoshop CS4 处理图像的功能，它可以用来绘制路径、剪切路径和填充区域。

7.1.1 课堂案例——制作电脑显示器广告

案例学习目标：学习使用不同的绘图工具绘制各种图形，并使用移动和复制命令调整复制图像的位置。

案例知识要点：使用渐变工具、钢笔工具和画笔工具制作网格背景图形，使用自定义形状工具添加装饰图形，使用横排文字工具添加文字，如图 7-1 所示。

效果所在位置：光盘/Ch07/效果/制作电脑显示器广告.psd。

图 7-1

1. 制作背景效果

Step 01 按 Ctrl+N 组合键，新建一个文件：宽度为 29.7 厘米，高度为 21 厘米，分辨率为 200，颜色模式为 RGB，背景内容为白色，单击"确定"按钮。选择"渐变"工具，单击属性栏中的"点按可编辑渐变"按钮，弹出"渐变编辑器"对话框，在"位置"选项中分别输入 0、50、100 三个位置点，分别设置三个位置点颜色的 RGB 值为：0（1、2、52），50（0、27、96），100（0、13、44），单击"确定"按钮。在属性栏中选择"线性渐变"按钮，按住 Shift 键的同时，在图像窗口中从上向下拖曳渐变色，松开鼠标，效果如图 7-2 所示。

Step 02 选择"钢笔"工具，选中属性栏中的"路径"按钮，按住 Shift 键的同时，在图像窗口中绘制路径。选择"路径选择"工具，选取路径。按住 Alt+Shift 组合键的同时，垂直向下拖曳路径到适当的位置，复制路径。用相同的方法复制多条路径。将所有的路径同时选取，在属性栏中选中"组合路径组件"按钮 组合 ，将组合路径，效果如图 7-3 所示。

Step 03 按住 Alt 键的同时，拖曳鼠标复制路径。按 Ctrl+T 组合键，路径周围出现变换框，在变换框中单击鼠标右键，在弹出的菜单中选择"旋转 90 度（顺时针）"命令，按 Enter 键确认操作，将旋转后的路径拖曳到适当位置，效果如图 7-4 所示。

图 7-2　　　　　　　　　　　　　图 7-3　　　　　　　　　　　　　图 7-4

Step 04 新建图层并将其命名为"网格"。将前景色设为白色。选择"画笔"工具 ，在属性栏中单击"画笔"选项右侧的按钮 ，在弹出的画笔选择面板中选择需要的画笔形状，如图 7-5 所示。选择"路径选择"工具 ，将所有路径同时选取，在路径上单击鼠标右键，在弹出的菜单中选择"描边路径"命令，弹出"描边路径"对话框，在下拉列表中选择画笔工具，单击"确定"按钮，将路径描边并隐藏路径，效果如图 7-6 所示。在"图层"控制面板上方，将"网格"图层的"不透明度"选项设为 10，效果如图 7-7 所示。

图 7-5　　　　　　　　　　　　　图 7-6　　　　　　　　　　　　　图 7-7

Step 05 按 Ctrl+O 组合键，打开光盘中的"Ch07 > 素材 > 制作电脑显示器广告 > 01"文件。将海浪图片拖曳到图像窗口中，生成新的图层并将其命名为"海浪"，图像效果如图 7-8 所示。在"图层"控制面板上方，将"海浪"图层的混合模式设为"叠加"，图像效果如图 7-9 所示。

图 7-8　　　　　　　　　　　　　图 7-9

2．绘制装饰图形

Step 01 新建图层并将其命名为"图形 1"。选择"钢笔"工具 ，在图像窗口中绘制路径，如图 7-10 所示。按 Ctrl + Enter 组合键，将路径转换为选区。选择"渐变"工具 ，将渐变色设为从淡蓝色（其 R、G、B 值分别为 160、226、252）到蓝色（其 R、G、B 值分别为 51、96、167）。

按住 Shift 键的同时，在选区中从左向右拖曳渐变色，按 Ctrl+D 组合键，取消选区，效果如图 7-11 所示。

图 7-10   图 7-11

Step 02 新建图层并将其命名为"图形 2"。选择"钢笔"工具 ，在图像窗口中绘制路径，如图 7-12 所示。按 Ctrl + Enter 组合键，将路径转换为选区。选择"渐变"工具 ，将渐变色设为从蓝色（其 R、G、B 值分别为 47、91、164）到浅蓝色（其 R、G、B 值分别为 149、213、243）。按住 Shift 键的同时，在选区中从上向下拖曳出渐变色，按 Ctrl+D 组合键，取消选区，效果如图 7-13 所示。

图 7-12   图 7-13

Step 03 新建图层并将其命名为"圆形"。选择"椭圆"工具 ，选中属性栏中的"路径"按钮 ，按住 Shift 键的同时，绘制多个圆形路径，按 Ctrl + Enter 组合键，将路径转换为选区，填充选区为黑色并取消选区，效果如图 7-14 所示。

Step 04 按 Ctrl+T 组合键，在图形周围出现变换框，在变换框中单击鼠标右键，在弹出的菜单中选择"变形"命令，分别拖曳各个控制点到适当的位置，将图形变形，按 Enter 键确认操作，效果如图 7-15 所示。在"图层"控制面板上方，将"圆形"图层的混合模式选项设为"叠加"，"不透明度"选项设为 30%，图像效果如图 7-16 所示。

图 7-14   图 7-15   图 7-16

3．添加显示器图像

Step 01 按 Ctrl+O 组合键，打开光盘中的"Ch07 > 素材 > 制作电脑显示器广告 > 02"文件。

选择"移动"工具，将显示器图片拖曳到图像窗口中的右下方，效果如图 7-17 所示，在"图层"控制面板中生成新的图层并将其命名为"显示器"。

Step 02　按 Ctrl+O 组合键，打开光盘中的"Ch07 > 素材 > 制作电脑显示器广告 > 03"文件，将海底图片拖曳到图像窗口中，效果如图 7-18 所示，在"图层"控制面板中生成新的图层并将其命名为"海底世界"。

Step 03　单击"海底世界"图层前方的眼睛图标，将图层隐藏。选择"钢笔"工具，在显示器的屏幕上绘制路径，将路径转换为选区，如图 7-19 所示。单击"海底世界"图层前方的空白图标，显示图层。按 Ctrl+Shift+I 组合键，将选区反选。按 Delete 键，删除选区中的图像，取消选区后效果如图 7-20 所示。

图 7-17　　　　　　　　　　　　　　图 7-18

图 7-19　　　　　　　　　　图 7-20

4．添加文字

Step 01　按 Ctrl+O 组合键，打开光盘中的"Ch07 > 素材 > 制作电脑显示器广告 > 04"文件。选择"移动"工具，将文字拖曳到图像窗口中，效果如图 7-21 所示，在"图层"控制面板中生成新的图层并将其命名为"文字 1"。

Step 02　新建图层将其命名为"符号"。将前景色设为白色。选择"自定形状"工具，单击属性栏中的"形状"选项，弹出"形状"面板，单击面板右上方的按钮，在弹出的菜单中选择"全部"选项，弹出提示对话框，单击"追加"按钮，在"形状"选择面板中选择需要的形状，如图 7-22 所示。选中属性栏中的"填充像素"按钮，在文字的前面绘制图形，如图 7-23 所示。

Step 03　将"符号"图层拖曳到控制面板下方的"创建新图层"按钮上复制 3 次，在"图层"控制面板中生成"符号"的 3 个副本图层，选择"移动"工具，分别拖曳复制出的图形到适当的位置，效果如图 7-24 所示。

图 7-21

图 7-22

图 7-23

图 7-24

Step 04 新建图层并将其命名为"蓝色长条"。将前景色设为蓝色（其 R、G、B 的值分别为 6、40、107）。选择"矩形"工具 ▢，选中属性栏中的"填充像素"按钮 ▢，在图像窗口的下方绘制矩形，效果如图 7-25 所示。按 Ctrl+O 组合键，打开光盘中的"Ch07 > 素材 > 制作电脑显示器广告 > 05"文件。选择"移动"工具 ▶+，将文字拖曳到图像窗口中，效果如图 7-26 所示，在"图层"控制面板中生成新的图层并将其命名为"文字 2"。电脑显示器广告效果制作完成。

图 7-25

图 7-26

7.1.2 矩形工具

选择"矩形"工具 ▢，或反复按 Shift+U 组合键，其属性栏如图 7-27 所示。

图 7-27

▢▢▢：用于选择创建外形层、创建工作路径或填充区域。 ◊ ◊ ▢ ○ ○ ＼ ⌀ ·：用于选择形状路径工具的种类。 ▢ ▫ ⌐ ▫ ▫：用于选择路径的组合方式。样式：层风格选项。颜色：用于设定图形的颜色。

原始图像效果如图 7-28 所示。在图像中绘制矩形，效果如图 7-29 所示，"图层"控制面板中的效果如图 7-30 所示。

图 7-28   图 7-29   图 7-30

7.1.3 圆角矩形工具

选择"圆角矩形"工具 ，或反复按 Shift+U 组合键，其属性栏如图 7-31 所示。其属性栏中的内容与"矩形"工具属性栏的选项内容类似，只增加了"半径"选项，用于设定圆角矩形的平滑程度，数值越大越平滑。

原始图像效果如图 7-32 所示。在图像中绘制圆角矩形，效果如图 7-33 所示，"图层"控制面板中的效果如图 7-34 所示。

图 7-31

图 7-32   图 7-33   图 7-34

7.1.4 椭圆工具

选择"椭圆"工具 ，或反复按 Shift+U 组合键，其属性栏如图 7-35 所示。

原始图像效果如图 7-36 所示。在图像中绘制椭圆形，效果如图 7-37 所示，"图层"控制面板中的效果如图 7-38 所示。

图 7-35

图 7-36   图 7-37   图 7-38

7.1.5　多边形工具

选择"多边形"工具 ◯，或反复按 Shift+U 组合键，其属性栏如图 7-39 所示。其属性栏中的内容与矩形工具属性栏的选项内容类似，只增加了"边"选项，用于设定多边形的边数。

原始图像效果如图 7-40 所示。单击属性栏 ◊ ◊ □ □ □ ○ ◯ \ ♢ · 选项右侧的按钮 ·，在弹出的面板中进行设置，如图 7-41 所示，在图像中绘制多边形，效果如图 7-42 所示，"图层"控制面板中的效果如图 7-43 所示。

图 7-39

图 7-40　　　　　　　　图 7-41　　　　　　　　图 7-42　　　　　　　　图 7-43

7.1.6　直线工具

选择"直线"工具 \，或反复按 Shift+U 组合键，其属性栏如图 7-44 所示。其属性栏中的内容与矩形工具属性栏的选项内容类似，只增加了"粗细"选项，用于设定直线的宽度。

单击 ◊ ◊ □ □ □ ○ ◯ \ ♢ · 选项右侧的按钮 ·，弹出"箭头"面板，如图 7-45 所示。

图 7-44　　　　　　　　　　　　　　　　　　　　　　　　　　　　　　图 7-45

起点：用于选择箭头位于线段的始端。终点：用于选择箭头位于线段的末端。宽度：用于设定箭头宽度和线段宽度的比值。长度：用于设定箭头长度和线段长度的比值。凹度：用于设定箭头凹凸的形状。

原图像如图 7-46 所示。在图像中绘制不同效果的直线，如图 7-47 所示，"图层"控制面板中的效果如图 7-48 所示。

图 7-46　　　　　　　　　　图 7-47　　　　　　　　　　图 7-48

> **⚠ 提示：** 按住 Shift 键，应用直线工具绘制图形时，可以绘制水平或垂直的直线。

7.1.7　自定形状工具

选择"自定形状"工具 ，或反复按 Shift+U 组合键，其属性栏如图 7-49 所示。其属性栏中的内容与矩形工具属性栏的选项内容类似，只增加了"形状"选项，用于选择所需的形状。

单击"形状"选项右侧的按钮，弹出如图 7-50 所示的形状面板，面板中存储了可供选择的各种不规则形状。

图 7-49

图 7-50

原始图像效果如图 7-51 所示。在图像中绘制不同的形状图形，效果如图 7-52 所示，"图层"控制面板中的效果如图 7-53 所示。

图 7-51

图 7-52

图 7-53

可以应用定义自定形状命令来制作并定义形状。使用"钢笔"工具 在图像窗口中绘制路径并填充路径，如图 7-54 所示。

选择菜单"编辑 > 定义自定形状"命令，弹出"形状名称"对话框，在"名称"选项的文本框中输入自定形状的名称，如图 7-55 所示，单击"确定"按钮，在"形状"选项的面板中将会显示刚才定义的形状，如图 7-56 所示。

图 7-54

图 7-55

图 7-56

7.2 绘制和选取路径

路径对于 Photoshop CS4 高手来说确实是一个非常得力的助手。使用路径可以进行复杂图像的选取，还可以存储选取区域以备再次使用，更可以绘制线条平滑的优美图形。

7.2.1 课堂案例——制作房地产宣传单

案例学习目标：学习使用钢笔工具绘制并调整路径。

案例知识要点：使用钢笔工具、添加锚点工具和转换点工具绘制路径，应用选区和路径的转换命令进行转换抠出水壶图像制作出图像效果，如图 7-57 所示。

效果所在位置：光盘/Ch07/效果/制作房地产宣传单.psd。

1. 绘制路径

Step 01 按 Ctrl + O 组合键，打开光盘中的 "Ch07 > 素材 > 制作房地产宣传单 > 01" 文件，图像效果如图 7-58 所示。选择 "钢笔" 工具 ✎，选中属性栏中的 "路径" 按钮 ▨，在图像窗口中沿着茶壶轮廓单击鼠标绘制路径，如图 7-59 所示。

图 7-57

图 7-58   图 7-59

Step 02 选择 "钢笔" 工具 ✎，按住 Ctrl 键的同时，"钢笔" 工具 ✎ 转换为 "直接选择" 工具 ▸，拖曳路径中的锚点来改变路径的弧度，再次拖曳锚点上的调节手柄改变线段的弧度，效果如图 7-60 所示。

Step 03 将鼠标光标移动到建立好的路径上，若当前该处没有锚点，则 "钢笔" 工具 ✎ 转换为 "添加锚点" 工具 ✎，如图 7-61 所示，在路径上单击鼠标添加一个锚点。

图 7-60   图 7-61

Step 04 选择"转换点"工具 ，按住 Alt 键的同时，拖曳手柄，可以任意改变调节手柄中的其中一个手柄，如图 7-62 所示。使用上述路经工具，将路径调整得更贴近壶的形状，效果如图 7-63 所示。

图 7-62　　　　　　　　　　　　　　　　　图 7-63

2．移动图像并添加样式

Step 01 单击"路径"控制面板下方的"将路径作为选区载入"按钮 ，将路径转换为选区，如图 7-64 所示。按 Ctrl + O 组合键，打开光盘中的"Ch07 > 素材 > 制作房地产宣传单 > 02"文件。选择"移动"工具 ，将 01 文件选区中的图像拖曳到 02 文件中适当的位置并调整其大小，效果如图 7-65 所示，在"图层"控制面板中生成新图层并将其命名为"壶"。

图 7-64　　　　　　　　　　　　　　　图 7-65

Step 02 按 Ctrl + O 组合键，打开光盘中的"Ch07 > 素材 > 制作房地产宣传单 > 03"文件，选择"移动"工具 ，将图片拖曳到图像窗口适当的位置，效果如图 7-66 所示，在"图层"控制面板中生成新图层并将其命名为"热气"。

Step 03 按 Ctrl + O 组合键，打开光盘中的"Ch07 > 素材 > 制作房地产宣传单 > 04"文件，选择"移动"工具 ，将文字拖曳到图像窗口适当的位置，效果如图 7-67 所示，在"图层"控制面板中生成新图层并将其命名为"文字"。房地产宣传单效果制作完成。

图 7-66　　　　　　　　　图 7-67

7.2.2 钢笔工具

选择"钢笔"工具 ◊.，或反复按 Shift+P 组合键，其属性栏如图 7-68 所示。

图 7-68

按住 Shift 键创建锚点时，将强迫系统以 45° 或 45° 的倍数绘制路径。按住 Alt 键，当"钢笔"工具 ◊. 移到锚点上时，暂时将"钢笔"工具 ◊. 转换为"转换点"工具 ▷.。按住 Ctrl 键，暂时将"钢笔"工具 ◊. 转换成"直接选择"工具 ▷.。

绘制直线条：建立一个新的图像文件，选择"钢笔"工具 ◊.，在钢笔工具属性栏中选中"路径"按钮 ▨，"钢笔"工具 ◊. 绘制的将是路径。如果选中"形状图层"按钮 ▢，将绘制出形状图层。勾选"自动添加/删除"复选框，钢笔工具的属性栏如图 7-69 所示。

图 7-69

在图像中任意位置单击鼠标，创建一个锚点，将鼠标移动到其他位置再单击，创建第二个锚点，两个锚点之间自动以直线进行连接，如图 7-70 所示。再将鼠标移动到其他位置单击，创建第三个锚点，而系统将在第二个和第三个锚点之间生成一条新的直线路径，如图 7-71 所示。

将鼠标移至第二个锚点上，鼠标光标暂时转换成"删除锚点"工具 ◊.，如图 7-72 所示，在锚点上单击，即可将第二个锚点删除，如图 7-73 所示。

图 7-70   图 7-71   图 7-72   图 7-73

绘制曲线：用"钢笔"工具 ◊. 单击建立新的锚点并按住鼠标不放，拖曳鼠标，建立曲线段和曲线锚点，如图 7-74 所示。释放鼠标，按住 Alt 键的同时，用"钢笔"工具 ◊. 单击刚建立的曲线锚点，如图 7-75 所示，将其转换为直线锚点，在其他位置再次单击建立下一个新的锚点，可在曲线段后绘制出直线段，如图 7-76 所示。

图 7-74   图 7-75   图 7-76

7.2.3 自由钢笔工具

选择"自由钢笔"工具 ◊.，对其属性栏进行设置，如图 7-77 所示。

图 7-77

在蓝色气球的上方单击鼠标确定最初的锚点，然后沿图像小心地拖曳鼠标并单击，确定其他的锚点，如图 7-78 所示。如果在选择中存在误差，只需要使用其他的路径工具对路径进行修改和调整，就可以补救，如图 7-79 所示。

图 7-78   图 7-79

7.2.4 添加锚点工具

将"钢笔"工具 移动到建立好的路径上，若当前此处没有锚点，则"钢笔"工具 转换成"添加锚点"工具 ，如图 7-80 所示，在路径上单击鼠标可以添加一个锚点，效果如图 7-81 所示。将"钢笔"工具 移动到建立好的路径上，若当前此处没有锚点，则"钢笔"工具 转换成"添加锚点"工具 ，如图 7-82 所示，单击鼠标添加锚点后按住鼠标不放，向上拖曳鼠标，建立曲线段和曲线锚点，效果如图 7-83 所示。

图 7-80   图 7-81   图 7-82   图 7-83

7.2.5 删除锚点工具

删除锚点工具用于删除路径上已经存在的锚点。将"钢笔"工具 放到路径的锚点上，则"钢笔"工具 转换成"删除锚点"工具 ，如图 7-84 所示，单击锚点将其删除，效果如图 7-85 所示。

将"钢笔"工具 放到曲线路径的锚点上，则"钢笔"工具 转换成"删除锚点"工具 ，如图 7-86 所示，单击锚点将其删除，效果如图 7-87 所示。

图 7-84   图 7-85   图 7-86   图 7-87

7.2.6 转换点工具

按住 Shift 键，拖曳其中的一个锚点，将强迫手柄以 45° 或 45° 的倍数进行改变。按住 Alt 键，拖曳手柄，可以任意改变两个调节手柄中的一个手柄，而不影响另一个手柄的位置。按住 Alt 键，拖曳路径中的线段，可以将路径进行复制。

使用"钢笔"工具 ♦ 在图像中绘制三角形路径，如图 7-88 所示，当要闭合路径时鼠标光标变为 ♦。图标，单击鼠标即可闭合路径，完成三角形路径的绘制，如图 7-89 所示。

图 7-88　　　　　　　　　图 7-89

选择"转换点"工具 ⌐，将鼠标放置在三角形左上角的锚点上，如图 7-90 所示，单击锚点并将其向右上方拖曳形成曲线锚点，如图 7-91 所示。使用相同的方法将三角形右上角的锚点转换为曲线锚点，如图 7-92 所示。绘制完成后，椭圆形路径的效果如图 7-93 所示。

图 7-90　　　　　　图 7-91　　　　　　图 7-92　　　　　　图 7-93

7.2.7 选区和路径的转换

1. 将选区转换为路径

使用菜单命令：在图像上绘制选区，如图 7-94 所示，单击"路径"控制面板右上方的图标 ▾☰，在弹出式菜单中选择"建立工作路径"命令，弹出"建立工作路径"对话框，在对话框中，应用"容差"选项设置转换时的误差允许范围，数值越小越精确，路径上的关键点也越多。如果要编辑生成的路径，在此处设定的数值最好为 2，设置后，如图 7-95 所示，单击"确定"按钮，将选区转换成路径，效果如图 7-96 所示。

图 7-94　　　　　　　　图 7-95　　　　　　　　图 7-96

使用按钮命令：单击"路径"控制面板下方的"从选区生成工作路径"按钮 ，将选区转换成路径。

2．将路径转换为选区

使用菜单命令：在图像中创建路径，如图 7-97 所示，单击"路径"控制面板右上方的图标 ，在弹出式菜单中选择"建立选区"命令，弹出"建立选区"对话框，如图 7-98 所示。设置完成后，单击"确定"按钮，将路径转换成选区，效果如图 7-99 所示。

图 7-97　　　　　　　　　图 7-98　　　　　　　　　图 7-99

使用按钮命令：单击"路径"控制面板下方的"将路径作为选区载入"按钮 ，将路径转换成选区。

7.2.8　课堂案例——制作炫彩人物插画

案例学习目标：学习使用新建路径、填充路径、描边路径命令制作图形。

案例知识要点：使用定义图案命令制作背景效果，使用圆角矩形工具绘制图形，使用自定义形状工具绘制装饰图形，如图 7-100 所示。

效果所在位置：光盘/Ch07/效果/制作炫彩人物插画.psd。

图 7-100

1．制作底图效果

Step 01　按 Ctrl + N 组合键，新建一个文件：宽度为 21cm，高度为 29.7cm，分辨率为 200 像素/英寸，颜色模式为 RGB，背景内容为白色。单击"确定"按钮。将前景色设为黄色（其 R、G、B 的值分别为 235、216、0），按 Alt+Delete 组合键，用前景色填充"背景"图层，如图 7-101 所示。

Step 02　单击"图层"控制面板下方的"创建新图层"按钮 ，生成新的图层"图层 1"。将前景色设为白色，选择"直线"工具 ，选中属性栏中的"填充像素"按钮 ，设置线条粗细为 3，按住 Shift 键的同时，在图像窗口中绘制 3 条直线，如图 7-102 所示。

Step 03 单击"背景"图层前面的眼睛图标 👁 ，将其隐藏。选择"矩形选框"工具 ⬚ ，在 3 条直线的外部绘制 1 个矩形选区，如图 7-103 所示。

| 图 7-101 | 图 7-102 | 图 7-103 |

Step 04 选择菜单"编辑 > 定义图案"命令，弹出"图案名称"对话框，如图 7-104 所示，单击"确定"按钮。按 Delete 键，删除选区中的图像，取消选区。单击"背景"图层前面的空白图标 ⬜ ，将其显示。

Step 05 单击"图层"控制面板下方的"创建新的填充或调整图层"按钮 ⬤ ，在弹出的菜单中选择"图案填充"命令，"图层"控制面板中生成"图案填充 1"图层，同时弹出"图案填充"对话框，在弹出的对话框中进行设置，如图 7-105 所示，单击"确定"按钮，效果如图 7-106 所示。

| 图 7-104 | 图 7-105 | 图 7-106 |

Step 06 新建一个图层"图层 1"。按住 Shift 键的同时，选中"图层 1"和"图案填充 1"图层，按 Ctrl+E 组合键，合并图层，并将其命名为"线条"，如图 7-107 所示。选择菜单"图像 > 图像旋转 > 90 度（顺时针）"命令，图像旋转为横向，如图 7-108 所示。按 Ctrl+T 组合键，线条周围出现控制手柄，在属性栏中设置"旋转"选项为 45，并调整其大小，按 Enter 键确认操作，图像效果如图 7-109 所示。

| 图 7-107 | 图 7-108 | 图 7-109 |

2. 绘制装饰底图

Step 01　新建图层并将其命名为"形状"。将前景色设为红色（其 R、G、B 的值分别为 220、88、0），选择"圆角矩形"工具 ▢，设置圆角半径为 50，选中属性栏中的"填充像素"按钮 ▢，绘制一个圆角矩形，如图 7-110 所示。按 Ctrl+T 组合键，图形周围出现控制手柄，旋转图形到适当的角度，并调整其大小，按 Enter 键确认操作，效果如图 7-111 所示。

Step 02　选择"矩形选框"工具 ▢，绘制一个选区，如图 7-112 所示。按 Delete 键，删除选区中的图像，按 Ctrl+D 组合键，取消选区。

图 7-110　　　　　　　　　　图 7-111　　　　　　　　　　图 7-112

Step 03　将"形状"图层拖曳到"图层"控制面板下方的"创建新图层"按钮上 ▫，将其复制，生成新的图层"形状 副本"。按 Ctrl+T 组合键，在复制出的图形周围出现控制手柄，将图形放大，按 Enter 键确认操作。

Step 04　将前景色设为橙黄色（其 R、G、B 的值分别为 255、174、0），按住 Ctrl 键的同时，单击"形状 副本"图层的缩览图，图形周围生成选区，按 Alt+Delete 组合键，用前景色填充选区，按 Ctrl+D 组合键，取消选区，效果如图 7-113 所示。

图 7-113

Step 05　新建图层并将其命名为"形状 2"。将前景色设为绿色（其 R、G、B 的值分别为 172、206、60），选择"圆角矩形"工具 ▢，选中属性栏中的"填充像素"按钮 ▢，在图像窗口中绘制一个圆角矩形，如图 7-114 所示。按 Ctrl+T 组合键，图形周围出现控制手柄，旋转图形到适当的角度，并调整其大小及位置，按 Enter 键确认操作，图像效果如图 7-115 所示。

图 7-114　　　　　　　　　　　图 7-115

Step 06　单击"图层"控制面板下方的添加图层样式"按钮 _fx._，在弹出的菜单中选择"投影"命令，弹出对话框，将阴影颜色设为黑色，其他选项的设置如图 7-116 所示。选择"描边"选项，切换到相应的对话框，将描边颜色设置为白色，其他选项的设置如图 7-117 所示，单击"确定"按钮，效果如图 7-118 所示。

图 7-116 图 7-117

图 7-118

3. 添加装饰图形

Step 01 新建图层并将其命名为"图形 1"。将前景色设为黑色，选择"画笔"工具 ，单击属性栏中的"切换画笔调板"按钮 ，弹出"画笔预设"控制面板，单击右上方的图层 ，在弹出的菜单中选择"方头画笔"命令，弹出提示对话框，单击"追加"按钮。

Step 02 选择"画笔笔尖形状"选项，切换到相应的控制面板，在面板中选择"硬边方形 10 像素"画笔，其他选项的设置如图 7-119 所示。按住 Shift 键的同时，在图像窗口中绘制多条虚线，效果如图 7-120 所示。

Step 03 按 Ctrl+T 组合键，在图形周围出现控制手柄，旋转图形到适当的角度并调整其位置，按 Enter 键确认操作，图像效果如图 7-121 所示。

图 7-119 图 7-120 图 7-121

Step 04 新建图层并将其命名为"图形 2"。选择"钢笔"工具 ，选中属性栏中的"路径"按钮 ，在图像窗口中绘制路径，如图 7-122 所示。

Step 05 选择"路径选择"工具 ，在路径上单击鼠标右键，在弹出的菜单中选择"填充路径"命令，在弹出的对话框中进行设置，如图 7-123 所示，单击"确定"按钮。按 Ctrl+T 组合键，图形周围出现控制手柄，旋转图形到适当的角度，并将其移动到适当的位置，按 Enter 键确认操作，图像效果如图 7-124 所示。

图 7-122   图 7-123   图 7-124

Step 06 新建图层并将其命名为"白色长条"。将前景色设为白色，选择"矩形"工具 ，选中属性栏中的"填充像素"按钮 ，在图像窗口中绘制一个矩形图形，图像效果如图 7-125 所示。

Step 07 单击"图层"控制面板下方的"添加图层蒙版"按钮 ，为"白色长条"图层添加蒙版。选择"渐变"工具 ，将渐变色设为从黑色到白色，在属性栏中选中"线性渐变"按钮 ，按住 Shift 键的同时，在白色长条图形上从上向下拖曳渐变色，效果如图 7-126 所示。按 Ctrl+T 组合键，图形周围出现控制手柄，旋转图形到适当的角度，并将其移动到适当的位置，按 Enter 键确认操作，图像效果如图 7-127 所示。

图 7-125   图 7-126   图 7-127

Step 08 将"白色长条"图层拖曳到"图层"控制面板下方的"创建新图层"按钮上 ，将其复制，生成新的图层"白色长条 副本"。按 Ctrl+T 组合键，图形周围出现控制手柄，旋转图形到适当的角度，并将其移动到适当的位置，按 Enter 键确认操作。用相同的方法再复制出一个图形，并编辑图形，效果如图 7-128 所示。

Step 09 新建图层并将其命名为"鸽子"。选择"自定形状"工具 ，单击属性栏中的"形状"选项，弹出"形状"面板，单击右上方的按钮 ，在弹出的菜单中选择"动物"选项，弹出提示对话框，单击"追加"按钮，在"形状"面板中选中图形"鸟 2"，如图 7-129 所示。在属性栏中选中"填充像素"按钮 ，绘制图形，如图 7-130 所示。

Step 10 按 Ctrl+O 组合键，分别打开光盘中的"Ch07 > 素材 > 制作炫彩人物插画 > 01、02、03"文件，选择"移动"工具 ，分别将图片拖曳到图像窗口中适当的位置并调整其大小，效果如图 7-131 所示，在"图层"控制面板中生成新的图层并将其命名为"树"、"人物"、"文字"，如图 7-132 所示。炫彩人物插画效果制作完成。

图 7-128　　　　　　　　图 7-129　　　　　　　　图 7-130

图 7-131　　　　　　　　　　图 7-132

7.2.9　路径控制面板

绘制一条路径，再选择菜单"窗口 > 路径"命令，调出"路径"控制面板，如图 7-133 所示。单击"路径"控制面板右上方的图标 ，弹出其下拉命令菜单，如图 7-134 所示。在"路径"控制面板的底部有 6 个工具按钮，如图 7-135 所示。

图 7-133　　　　　　　　图 7-134　　　　　　　　图 7-135

用前景色填充路径按钮 ：单击此按钮，将对当前选中路径进行填充，填充的对象包括当前路径的所有子路径以及不连续的路径线段。如果选定了路径中的一部分，"路径"控制面板的弹出菜单中的"填充路径"命令将变为"填充子路径"命令。如果被填充的路径为开放路径，Photoshop CS4 将自动把路径的两个端点以直线段连接然后进行填充。如果只有一条开放的路径，则不能进行填充。按住 Alt 键的同时，单击此按钮，将弹出"填充路径"对话框。

用画笔描边路径按钮 ：单击此按钮，系统将使用当前的颜色和当前在"描边路径"对话框中设定的工具对路径进行描边。按住 Alt 键的同时，单击此按钮，将弹出"描边路径"对话框。

将路径作为选区载入按钮 ：单击此按钮，将把当前路径所圈选的范围转换为选择区域。按住 Alt 键的同时，单击此按钮，将弹出"建立选区"对话框。

从选区生成工作路径按钮 ：单击此按钮，将把当前的选择区域转换成路径。按住 Alt 键的同时，单击此按钮，将弹出"建立工作路径"对话框。

创建新路径按钮 ：用于创建一个新的路径。单击此按钮，可以创建一个新的路径。按住 Alt 键的同时，单击此按钮，将弹出"新路径"对话框。

删除当前路径按钮 ：用于删除当前路径。可以直接拖曳"路径"控制面板中的一个路径到此按钮上，可将整个路径全部删除。

7.2.10 新建路径

使用控制面板弹出式菜单：单击"路径"控制面板右上方的图标 ，弹出其命令菜单，选择"新建路径"命令，弹出"新建路径"对话框，如图 7-136 所示。

图 7-136

名称：用于设定新路径的名称，可以选择与前一路径创建剪贴蒙版。

使用控制面板按钮或快捷键：单击"路径"控制面板下方的"创建新路径"按钮 ，可以创建一个新路径。按住 Alt 键的同时，单击"创建新路径"按钮 ，将弹出"新建路径"对话框。

7.2.11 复制、删除、重命名路径

1．复制路径

使用菜单命令复制路径：单击"路径"控制面板右上方的图标 ，弹出其下拉命令菜单，选择"复制路径"命令，弹出"复制路径"对话框，如图 7-137 所示，在"名称"选项中设置复制路径的名称，单击"确定"按钮，"路径"控制面板如图 7-138 所示。

图 7-137   图 7-138

使用按钮命令复制路径：在"路径"控制面板中，将需要复制的路径拖曳到下方的"创建新路径"按钮 上，即可将所选的路径复制为一个新路径。

2．删除路径

使用菜单命令删除路径：单击"路径"控制面板右上方的图标 ，弹出其下拉命令菜单，选择"删除路径"命令，将路径删除。

使用按钮命令删除路径：在"路径"控制面板中选择需要删除的路径，单击面板下方的"删除当前路径"按钮 ，将选择的路径删除。

3．重命名路径

双击"路径"控制面板中的路径名，出现重命名路径文本框，如图 7-139 所示，更改名称后按 Enter 键确认即可，如图 7-140 所示。

图 7-139　　　　　　　　　　图 7-140

7.2.12　路径选择工具

选择"路径选择"工具 ，或反复按 Shift+A 组合键，其属性栏如图 7-141 所示。

在属性栏中，勾选"显示定界框"复选框，就能够对一个或多个路径进行变形，路径变形的相关信息将显示在属性栏中，如图 7-142 所示。

图 7-141

图 7-142

7.2.13　直接选择工具

直接选择工具用于移动路径中的锚点或线段，还可以调整手柄和控制点。路径的原始效果如图 7-143 所示，选择"直接选择"工具 ，拖曳路径中的锚点来改变路径的弧度，如图 7-144 所示。

图 7-143　　　　　　　　　　图 7-144

7.2.14　填充路径

使用菜单命令：在图像中创建路径，如图 7-145 所示，单击"路径"控制面板右上方的图标 ，在弹出式菜单中选择"填充路径"命令，弹出"填充路径"对话框，如图 7-146 所示。设置完成后，单击"确定"按钮，用前景色填充路径的效果如图 7-147 所示。

图 7-145　　　　　　　　　图 7-146　　　　　　　　　图 7-147

使用按钮命令：单击"路径"控制面板下方的"用前景色填充路径"按钮 ，即可填充路径。按 Alt 键的同时，单击"用前景色填充路径"按钮 ，将弹出"填充路径"对话框。

7.2.15　描边路径

使用菜单命令：在图像中创建路径，如图 7-148 所示。单击"路径"控制面板右上方的图标 ，在弹出式菜单中选择"描边路径"命令，弹出"描边路径"对话框，选择"工具"选项下拉列表中的"画笔"工具，如图 7-149 所示，此下拉列表中共有 15 种工具可供选择，如果当前在工具箱中已经选择了"画笔"工具，该工具将自动设置在此处。另外在画笔属性栏中设定的画笔类型也将直接影响此处的描边效果，设置好后，单击"确定"按钮，描边路径的效果如图 7-150 所示。

图 7-148　　　　　　　　　图 7-149　　　　　　　　　图 7-150

使用按钮命令：单击"路径"控制面板下方的"用画笔描边路径"按钮 ，即可描边路径。按 Alt 键的同时，单击"用画笔描边路径"按钮 ，将弹出"描边路径"对话框。

7.3 课堂练习——制作清凉果茶招贴

练习知识要点：使用矩形工具绘制背景图形，使用自定形状工具制作花朵图形，使用椭圆工具绘制花蕊图形，使用投影命令为花朵图形添加投影效果，效果如图 7-151 所示。

效果所在位置：光盘/Ch07/效果/制作清凉果茶招贴.psd。

图 7-151

7.4 课后习题——制作影视剧招贴

习题知识要点：使用矩形工具、圆角矩形工具和收缩命令制作纸牌底图，使用自定形状工具绘制纸牌底图图案，使用横排文字工具和旋转命令制作纸牌文字，使用直接选择工具调整路径制作装饰图形，效果如图 7-152 所示。

效果所在位置：光盘/Ch07/效果/制作影视剧招贴.psd。

图 7-152

第 **8** 章

调整图像的色彩和色调

本章将主要介绍调整图像的色彩与色调的多种相关命令。通过本章的学习，可以根据不同的需要应用多种调整命令对图像的色彩或色调进行细微的调整，还可以对图像进行特殊颜色的处理。

【教学目标】

- 调整图像色彩与色调。
- 特殊颜色处理。

8.1 调整图像色彩与色调

调整图像的色彩是 Photoshop CS4 的强项，也是必须要掌握的一项功能。在实际的设计制作中经常会使用到这项功能。

8.1.1 课堂案例——制作风景画

案例学习目标：学习使用不同的调整命令制作图像效果。

案例知识要点：使用自动对比度命令、色彩平衡命令、亮度/对比度命令调整图片颜色，使用图层混合模式命令改变图像的显示效果，如图 8-1 所示。

效果所在位置：光盘/Ch08/效果/制作风景画.psd。

图 8-1

Step 01 按 Ctrl+O 组合键，打开光盘中的"Ch08 > 素材 > 制作风景画 > 01"文件，图像效果如图 8-2 所示。再次按 Ctrl+O 组合键，打开光盘中的"Ch08 > 素材 > 制作风景画 > 02"文件，选择"移动"工具 ▶⊕，将风景图像拖曳到图像窗口中，如图 8-3 所示，在"图层"控制面板中生成新的图层并将其命名为"图片"。选择菜单"图像 > 调整 > 自动对比度"命令，效果如图 8-4 所示。

图 8-2   图 8-3   图 8-4

Step 02 选择菜单"图像 > 调整 > 色彩平衡"命令，在弹出的对话框中进行设置，如图 8-5 所示。选择"阴影"单选项，切换到相应的对话框，进行设置，如图 8-6 所示。选择"高光"选项，切换到相应的对话框，进行设置，如图 8-7 所示，单击"确定"按钮，效果如图 8-8 所示。

图 8-5   图 8-6

图 8-7　　　　　　　　　　　　　　　　　图 8-8

Step 03　选择菜单"图像 > 调整 > 亮度/对比度"命令，在弹出的对话框中进行设置，如图 8-9 所示，单击"确定"按钮，效果如图 8-10 所示。

图 8-9　　　　　　　　　　　　　　　　　图 8-10

Step 04　将"图片"图层拖曳到"图层"控制面板下方的"创建新图层"按钮 🔲 上进行复制，生成新的图层"图片 副本"。选择菜单"图像 > 调整 > 反相"命令，效果如图 8-11 所示。在"图层"控制面板上方将图层混合模式选项改为"叠加"，将"不透明度"选项设为 80%，如图 8-12 所示，图像效果如图 8-13 所示。

图 8-11　　　　　　　　　图 8-12　　　　　　　　　图 8-13

Step 05　按 Ctrl+O 组合键，打开光盘中的"Ch08 > 素材 > 制作风景画 > 03"文件。选择"移动"工具 ▶✚，将文字拖曳到图像窗口中适当的位置，效果如图 8-14 所示，在"图层"控制面板中生成新的图层并将其命名为"文字"。再次按 Ctrl+O 组合键，打开光盘中的"Ch08 > 素材 > 制作风景画 > 04"文件。选择"移动"工具 ▶✚，将印章图片拖曳到图像窗口中适当的位置，效果如图 8-15 所示，在"图层"控制面板中生成新的图层并将其命名为"印章"，如图 8-16 所示。风景画效果制作完成。

图 8-14　　　　　　　　图 8-15　　　　　　　　图 8-16

8.1.2　亮度/对比度

原始图像效果如图 8-17 所示，选择菜单"图像 >调整 > 亮度/对比度"命令，弹出"亮度/对比度"对话框，如图 8-18 所示。在对话框中，可以通过拖曳亮度和对比度滑块来调整图像的亮度或对比度，单击"确定"按钮，调整后的图像效果如图 8-19 所示。"亮度/对比度"命令调整的是整个图像的色彩。

图 8-17　　　　　　　　图 8-18　　　　　　　　图 8-19

8.1.3　自动对比度

自动对比度命令可以对图像的对比度进行自动调整。按 Alt+Shift+Ctrl+L 组合键，可以对图像的对比度进行自动调整。

8.1.4　色彩平衡

选择菜单"图像 > 调整 > 色彩平衡"命令，或按 Ctrl+B 组合键，弹出"色彩平衡"对话框，如图 8-20 所示。

图 8-20

色彩平衡：用于添加过渡色来平衡色彩效果，拖曳滑块可以调整整个图像的色彩，也可以在"色阶"选项的数值框中直接输入数值调整图像的色彩。色调平衡：用于选取图像的阴影、中间调和高光。保持亮度：用于保持原图像的亮度。

设置不同的色彩平衡后，图像效果如图 8-21 所示。

图 8-21

8.1.5　反相

选择菜单"图像 > 调整 > 反相"命令，或按 Ctrl+I 组合键，可以将图像或选区的像素反转为其补色，使其出现底片效果。不同色彩模式的图像反相后的效果如图 8-22 所示。

原始图像效果　　　　　　　RGB 色彩模式反相后的效果　　　　　CMYK 色彩模式反相后的效果

图 8-22

提示：反相效果是对图像的每一个色彩通道进行反相后的合成效果，不同色彩模式的图像反相后的效果是不同的。

8.1.6　课堂案例——调整图片颜色

案例学习目标：学习使用自动颜色命令、色调均化命令和变化命令制作图像效果。

案例知识要点：使用自动颜色命令微调图像的颜色，使用色调均化命令和变化命令调整图像颜色，如图 8-23 所示。

效果所在位置：光盘/Ch08/效果/调整图片颜色.psd。

图 8-23

Step 01　按 Ctrl + O 组合键，打开光盘中的"Ch08 > 素材 > 调整图片颜色 > 01"文件，图像效果如图 8-24 所示。

Step 02　选择菜单"图像 > 自动颜色"命令，效果如图 8-25 所示。选择菜单"图像 > 调整 > 色调均化"命令，图像效果如图 8-26 所示。

图 8-24　　　　　　　　图 8-25　　　　　　　　图 8-26

Step 03　选择菜单"图像 > 调整 > 变化"命令，弹出"变化"对话框，单击右侧的"较亮"缩略图，然后单击"加深黄色"缩略图，最后单击"加深青色"缩略图，其他选项的设置如图 8-27 所示，单击"确定"按钮，图像效果如图 8-28 所示。按 Ctrl + O 组合键，打开光盘中的"Ch08 > 素材 > 调整图片颜色 > 02"文件，选择"移动"工具 ，拖曳文字图片到图像窗口中适当的位置，效果如图 8-29 所示。调整图片颜色效果制作完成。

图 8-27　　　　　　　　图 8-28　　　　　　　　图 8-29

8.1.7　变化

选择菜单"图像 > 调整 > 变化"命令，弹出"变化"对话框，如图 8-30 所示。

图 8-30

　　在对话框中，上方中间的 4 个选项，可以控制图像色彩的改变范围。下方的滑块用于设置调整的等级。左上方的两幅图像显示的是图像的原始效果和调整后的效果。左下方区域是 7 幅小图像，可以选择增加不同的颜色效果，调整图像的亮度、饱和度等色彩值。右侧区域是 3 幅小图像，用于调整图像的亮度。勾选"显示修剪"复选框，在图像色彩调整超出色彩空间时显示超色域。

8.1.8　自动颜色

　　自动颜色命令可以对图像的色彩进行自动调整。按 Shift+Ctrl+B 组合键，可以对图像的色彩进行自动调整。

8.1.9　色调均化

　　色调均化命令用于调整图像或选区像素的过黑部分，使图像变得明亮，并将图像中其他的像素平均分配在亮度色谱中。选择菜单"图像 > 调整 > 色调均化"命令，在不同的色彩模式下图像将产生不同的效果，如图 8-31 所示。

原始图像效果　　　　RGB 色调均化的效果　　　　CMYK 色调均化的效果　　　　LAB 色调均化的效果

图 8-31

8.1.10 课堂案例——制作怀旧照片

案例学习目标：学习使用不同的调色命令调整照片颜色。

案例知识要点：使用阴影/高光命令调整图片颜色，使用渐变映射命令为图像添加渐变效果，使用色阶、色相/饱和度命令调整图像颜色，如图 8-32 所示。

效果所在位置：光盘/Ch08/效果/制作怀旧照片.psd。

图 8-32

Step 01 按 Ctrl + O 组合键，打开光盘中的"Ch08 > 素材 > 制作怀旧照片 > 01"文件，图像效果如图 8-33 所示。选择菜单"图像 > 自动色调"命令，图像效果如图 8-34 所示。选择菜单"图像 > 调整 > 阴影/高光"命令，弹出对话框，勾选"显示更多选项"复选框，在弹出的对话框中进行设置，如图 8-35 所示，单击"确定"按钮，效果如图 8-36 所示。

图 8-33

图 8-34

图 8-35

图 8-36

Step 02 选择菜单"图像 > 调整 > 渐变映射"命令，弹出对话框，单击"点按可编辑渐变"按钮，弹出"渐变编辑器"对话框，在"位置"选项中分别输入 0、41、100 三个位置点，分别设置三个位置点颜色的 RGB 值为：0（12、6、102），41（233、150、5），100（248、234、195），如图 8-37 所示，单击"确定"按钮，返回到"渐变映射"对话框，选项的设置如图 8-38 所示，单击"确定"按钮，效果如图 8-39 所示。

图 8-37

图 8-38

图 8-39

Step 03　选择菜单"图像 > 调整 > 色阶"命令，在弹出的对话框中进行设置，如图 8-40 所示，单击"确定"按钮，效果如图 8-41 所示。选择菜单"图像 > 调整 > 色相/饱和度"命令，在弹出的对话框中进行设置，如图 8-42 所示。单击"确定"按钮，效果如图 8-43 所示。

图 8-40　　　　　　　　图 8-41　　　　　　　　图 8-42　　　　　　　　图 8-43

Step 04　按 Ctrl + O 组合键，打开光盘中的"Ch08 > 素材 > 制作怀旧照片 > 02"文件，选择"移动"工具，将文字拖曳到图像窗口的下方，效果如图 8-44 所示，在"图层"控制面板中生成新图层并将其命名为"文字"。怀旧照片效果制作完成，如图 8-45 所示。

图 8-44　　　　　　　　图 8-45

8.1.11　色阶

打开一幅图像，如图 8-46 所示，选择"色阶"命令，或按 Ctrl+L 组合键，弹出"色阶"对话框，如图 8-47 所示。

图 8-46　　　　　　　　图 8-47

对话框中间是一个直方图，其横坐标为 0~255，表示亮度值，纵坐标为图像的像素数。

通道：可以从其下拉列表中选择不同的颜色通道来调整图像，如果想选择两个以上的色彩通道，要先在"通道"控制面板中选择所需要的通道，再调出"色阶"对话框。

　　输入色阶：控制图像选定区域的最暗和最亮色彩，通过输入数值或拖曳三角滑块来调整图像。左侧的数值框和黑色滑块用于调整黑色，图像中低于该亮度值的所有像素将变为黑色。中间的数值框和灰色滑块用于调整灰度，其数值范围为 0.1~9.99。1.00 为中性灰度，数值大于 1.00 时，将降低图像中间灰度，小于 1.00 时，将提高图像中间灰度。右侧的数值框和白色滑块用于调整白色，图像中高于该亮度值的所有像素将变为白色。

　　调整"输入色阶"选项的 3 个滑块后，图像产生的不同色彩效果如图 8-48 所示。

图 8-48

　　输出色阶：可以通过输入数值或拖曳三角滑块来控制图像的亮度范围。左侧数值框和黑色滑块用于调整图像的最暗像素的亮度。右侧数值框和白色滑块用于调整图像的最亮像素的亮度。输出色阶的调整将增加图像的灰度，降低图像的对比度。

　　调整"输出色阶"选项的 2 个滑块后，图像产生的不同色彩效果，如图 8-49 所示。

图 8-49

　　自动：可自动调整图像并设置层次。选项：单击此按钮，弹出"自动颜色校正选项"对话框，系统将以 0.10%色阶来对图像进行加亮和变暗。

　　取消：按住 Alt 键，"取消"按钮转换为"复位"按钮，单击此按钮可以将刚调整过的色阶复位还原，可以重新进行设置。　　　　：分别为黑色吸管工具、灰色吸管工具和白色吸管工具。选中黑色吸管工具，用鼠标在图像中单击，图像中暗于单击点的所有像素都会变为黑色。用灰色吸管工具在图像中单击，单击点的像素都会变为灰色，图像中的其他颜色也会相应地调整。用白色吸管工具在图像中单击，图像中亮于单击点的所有像素都会变为白色。双击任意吸管工具，在弹出的颜色选择对话框中设置吸管颜色。预览：勾选此复选框，可以即时显示图像的调整结果。

8.1.12　自动色调

自动色调命令可以对图像的色阶进行自动调整。系统将以 0.10%色调来对图像进行加亮和变暗。按 Shift+Ctrl+L 组合键，可以对图像的色调进行自动调整。

8.1.13　渐变映射

原始图像效果如图 8-50 所示，选择菜单"图像 > 调整 > 渐变映射"命令，弹出"渐变映射"对话框，如图 8-51 所示。单击"灰度映射所用的渐变"选项的色带，在弹出的"渐变编辑器"对话框中设置渐变色，如图 8-52 所示。单击"确定"按钮，图像效果如图 8-53 所示。

图 8-50　　　　　　　　　　　　　　　图 8-51

图 8-52　　　　　　　　　　　　　　　图 8-53

灰度映射所用的渐变：用于选择不同的渐变形式。仿色：用于为转变色阶后的图像增加仿色。反向：用于将转变色阶后的图像颜色反转。

8.1.14　阴影/高光

图像的原始效果如图 8-54 所示，选择菜单"图像 > 调整 > 阴影/高光"命令，弹出"阴影/高光"对话框，在对话框中进行设置，如图 8-55 所示，单击"确定"按钮，效果如图 8-56 所示。

图 8-54　　　　　　　　　　图 8-55　　　　　　　　　　图 8-56

8.1.15 色相/饱和度

原始图像效果如图 8-57 所示，选择菜单"图像 > 调整 > 色相/饱和度"命令，或按 Ctrl+U 组合键，弹出"色相/饱和度"对话框，在对话框中进行设置，如图 8-58 所示。单击"确定"按钮效果如图 8-59 所示。

图 8-57　　　　　　　　　　　图 8-58　　　　　　　　　　　图 8-59

编辑：用于选择要调整的色彩范围，可以通过拖曳各选项中的滑块来调整图像的色相、饱和度和明度。着色：用于在由灰度模式转化而来的色彩模式图像中填加需要的颜色。

原始图像效果如图 8-60 所示，在"色相/饱和度"对话框中进行设置，勾选"着色"复选框，如图 8-61 所示，单击"确定"按钮后图像效果如图 8-62 所示。

图 8-60　　　　　　　　　　　图 8-61　　　　　　　　　　　图 8-62

8.1.16 课堂案例——调整图像的色彩与明度

案例学习目标：学习使用不同的调色命令调整图片的颜色。

案例知识要点：使用可选颜色命令、曝光度命令调整图片颜色，如图 8-63 所示。

效果所在位置：光盘/Ch08/效果/调整照片的色彩与明度.psd。

Step 01 按 Ctrl + O 组合键，打开光盘中的"Ch08 > 素材 > 调整照片的色彩与明度 > 01"文件，图像效果如图 8-64 所示。

Step 02 将"背景"图层拖曳到控制面板下方的"创建新图层"按钮 上进行复制，生成新图层"背景 副本"。选择菜单"图像 > 调整 > 可

图 8-63

选颜色"命令，在弹出的对话框中进行设置，如图 8-65 所示。单击"颜色"选项右侧的按钮 ，在弹出的菜单中选择"蓝色"选项，在相应的对话框中进行设置，如图 8-66 所示。再次单击"颜

色"选项右侧的按钮☑，在弹出的菜单中选择"洋红"选项，在相应的对话框中进行设置，如图 8-67 所示，单击"确定"按钮，效果如图 8-68 所示。

图 8-64　　　　　　　　　　　图 8-65

图 8-66　　　　　　　　图 8-67　　　　　　　　图 8-68

Step 03 选择菜单"图像 > 调整 > 曝光度"命令，在弹出的对话框中进行设置，如图 8-69 所示，单击"确定"按钮，效果如图 8-70 所示。按 Ctrl + O 组合键，打开光盘中的"Ch08 > 素材 > 调整照片的色彩与明度 > 02"文件，选择"移动"工具▸⊕，拖曳文字素材到图像窗口中适当的位置，照片的色彩与明度调整制作完成，效果如图 8-71 所示。

图 8-69　　　　　　　　图 8-70　　　　　　　　图 8-71

8.1.17　可选颜色

原始图像效果如图 8-72 所示，选择菜单"图像 > 调整 > 可选颜色"命令，弹出"可选颜色"对话框，在对话框中进行设置，如图 8-73 所示。单击"确定"按钮，调整后的图像效果如图 8-74 所示。

图 8-72　　　　　　　　　　　图 8-73　　　　　　　　　　　图 8-74

颜色：在其下拉列表中可以选择图像中含有的不同色彩，可以通过拖曳滑块调整青色、洋红、黄色、黑色的百分比。方法：确定调整方法是"相对"或"绝对"。

8.1.18　曝光度

原始图像效果如图 8-75 所示，选择菜单"图像 > 调整 > 曝光度"命令，弹出"曝光度"对话框，进行设置后如图 8-76 所示，单击"确定"按钮，即可调整图像的曝光度，如图 8-77 所示。

图 8-75　　　　　　　　　　　图 8-76　　　　　　　　　　　图 8-77

曝光度：调整色彩范围的高光端，对极限阴影的影响很轻微。位移：使阴影和中间调变暗，对高光的影响很轻微。灰度系数校正：使用乘方函数调整图像灰度系数。

8.1.19　照片滤镜

照片滤镜命令用于模仿传统相机的滤镜效果处理图像，通过调整图片颜色可以获得各种丰富的效果。打开一幅图片，选择菜单"图像 > 调整 > 照片滤镜"命令，弹出"照片滤镜"对话框，如图 8-78 所示。

图 8-78

滤镜：用于选择颜色调整的过滤模式。颜色：单击此选项的图标，弹出"选择滤镜颜色"对话框，可以在对话框中设置精确颜色对图像进行过滤。浓度：拖动此选项的滑块，设置过滤颜色的百分比。保留亮度：勾选此复选框进行调整时，图片的白色部分颜色保持不变，取消勾选此复选框，则图片的全部颜色都随之改变，效果如图 8-79 所示。

图 8-79

8.2 特殊颜色处理

应用特殊颜色处理命令可以使图像产生丰富的变化。

8.2.1　课堂案例——制作偏色风景图片

案例学习目标：学习使用不同的调色命令调整风景画的颜色，使用特殊颜色处理命令及滤镜制作特殊效果。

案例知识要点：使用色调分离命令、曲线命令和混合模式命令调整图像颜色，使用高斯模糊滤镜制作图像模糊效果，使用阈值、通道混合器命令和图层蒙版改变图像的颜色，如图 8-80 所示。

效果所在位置：光盘/Ch08/效果/制作偏色风景图片.psd。

图 8-80

1．调整图片颜色

Step 01　按 Ctrl + O 组合键，打开光盘中的"Ch08 > 素材 > 制作偏色风景图片 > 01"文件，图像效果如图 8-81 所示。将"背景"图层拖曳到控制面板下方的"创建新图层"按钮 上进行复制，生成新的图层"背景 副本"。单击"背景 副本"图层左侧的眼睛图标 👁，将此图层隐藏，如图 8-82 所示。

Step 02 选择"背景"图层。单击"图层"控制面板下方的"创建新的填充或调整图层"按钮 ⬤，在弹出的菜单中选择"色调分离"命令，在"图层"控制面板中生成"色调分离 1"图层，同时弹出"色调分离"控制面板，进行设置，如图 8-83 所示，单击"确定"按钮，效果如图 8-84 所示。

图 8-81   图 8-82   图 8-83   图 8-84

Step 03 在"图层"控制面板上方，将"色调分离 1"图层的混合模式选项设为"柔光"，效果如图 8-85 所示。单击"图层"控制面板下方的"创建新的填充或调整图层"按钮 ⬤，在弹出的菜单中选择"曲线"命令，"图层"控制面板中生成"曲线 1"图层，同时弹出"曲线"控制面板，单击"自动"按钮，在设置框中分别设置 2 个光泽点，将第一个光泽点设为 48、143，将第二个光泽点设为 143、204，如图 8-86 所示。

Step 04 单击"通道"选项右侧的按钮 ⌄，在弹出的菜单中选择"红"选项，弹出相应的面板，在设置框中将光泽点设为 254、214，如图 8-87 所示，图像效果如图 8-88 所示。

图 8-85   图 8-86   图 8-87   图 8-88

Step 05 单击"通道"选项右侧的按钮 ⌄，在弹出的菜单中选择"绿"选项，弹出相应的面板，在设置框中分别设置 2 个光泽点，将第一个光泽点设为 0、60，将第二个光泽点设为 254、239，如图 8-89 所示。再次单击"通道"选项右侧的按钮 ⌄，在弹出的菜单中选择"蓝"选项，弹出相应的面板，在设置框中分别设置 2 个光泽点，将第一个光泽点设为 0、66，将第二个光泽点设为 254、238，如图 8-90 所示，图像效果如图 8-91 所示。

图 8-89   图 8-90   图 8-91

Step 06 在 "图层" 控制面板上方，将 "曲线 1" 图层的混合模式选项设为 "颜色"，如图 8-92 所示，效果如图 8-93 所示。选择并显示 "背景 副本" 图层，在控制面板上方，将 "背景 副本" 图层的混合模式选项设为 "正片叠底"，效果如图 8-94 所示。

图 8-92   图 8-93   图 8-94

2．调整图像整体颜色

Step 01 在 "图层" 控制面板中，按住 Shift 键的同时，单击 "背景" 图层，选中 "背景 副本" 和 "背景" 图层中间的所有图层，如图 8-95 所示。将其拖曳到控制面板下方的 "创建新图层" 按钮 上进行复制，生成新的副本图层。按 Ctrl+E 组合键，合并复制出的图层并将其命名为 "模糊层"，如图 8-96 所示。选择菜单 "图像 > 调整 > 去色" 命令，将图像去色，效果如图 8-97 所示。

图 8-95   图 8-96   图 8-97

Step 02 选择菜单 "滤镜 > 模糊 > 高斯模糊" 命令，在弹出的对话框中进行设置，如图 8-98 所示，单击 "确定" 按钮，效果如图 8-99 所示。在 "图层" 控制面板上方，将 "模糊层" 图层的混合模式选项设为 "柔光"，效果如图 8-100 所示。

图 8-98   图 8-99   图 8-100

Step 03 单击"图层"控制面板下方的"创建新的填充或调整图层"按钮 ，在弹出的菜单中选择"阈值"命令，在"图层"控制面板中生成"阈值 1"图层，同时弹出"阈值"控制面板，进行设置，如图 8-101 所示，图像效果如图 8-102 所示。在"图层"控制面板中，单击"阈值 1"图层的蒙版缩览图，如图 8-103 所示，使其处于编辑状态。

图 8-101   图 8-102   图 8-103

Step 04 选择"渐变"工具 ，单击属性栏中的"点按可编辑渐变"按钮 ，弹出"渐变编辑器"对话框，将渐变色设为从黑色到白色，如图 8-104 所示，单击"确定"按钮。选中属性栏中的"线性渐变"按钮 ，按住 Shift 键的同时，在图像窗口由上至下拖曳渐变，效果如图 8-105所示。在控制面板上方，将"阈值 1"图层的混合模式选项设为"柔光"，效果如图 8-106 所示。

图 8-104   图 8-105   图 8-106

Step 05 单击"图层"控制面板下方的"创建新的填充或调整图层"按钮 ，在弹出的菜单中选择"通道混合器"命令，在"图层"控制面板中生成"通道混合器 1"图层，同时弹出控制面板，进行设置，如图 8-107 所示，单击"确定"按钮，效果如图 8-108 所示。

Step 06 按 Ctrl + O 组合键，打开光盘中的"Ch08 > 素材 > 制作偏色风景图片 > 02"文件，选择"移动"工具 ，将文字拖曳到图像窗口的右上方，如图 8-109 所示，在"图层"控制面板中生成新图层并将其命名为"文字"。偏色风景图片制作完成，效果如图 8-110 所示。

图 8-107　　　　　　图 8-108　　　　　　图 8-109　　　　　　图 8-110

8.2.2　去色

选择菜单"图像 > 调整 > 去色"命令，或按 Shift+Ctrl+U 组合键，可以去掉图像中的色彩，使图像变为灰度图，但图像的色彩模式并不改变。"去色"命令可以对图像的选区使用，将选区中的图像进行去掉图像色彩的处理。

8.2.3　阈值

原始图像效果如图 8-111 所示，选择菜单"图像 > 调整 > 阈值"命令，弹出"阈值"对话框，在对话框中拖曳滑块或在"阈值色阶"选项的数值框中输入数值，可以改变图像的阈值，系统将使大于阈值的像素变为白色，小于阈值的像素变为黑色，使图像具有高度反差，如图 8-112 所示。单击"确定"按钮，图像效果如图 8-113 所示。

图 8-111　　　　　　图 8-112　　　　　　图 8-113

8.2.4　色调分离

原始图像效果如图 8-114 所示，选择菜单"图像 > 调整 > 色调分离"命令，弹出"色调分离"对话框，如图 8-115 所示进行设置，单击"确定"按钮，图像效果如图 8-116 所示。

图 8-114   图 8-115   图 8-116

色阶：可以指定色阶数，系统将以 256 阶的亮度对图像中的像素亮度进行分配。色阶数值越高，图像产生的变化越小。

8.2.5 替换颜色

替换颜色命令能够将图像中的颜色进行替换。原始图像效果如图 8-117 所示，选择菜单"图像 > 调整 > 替换颜色"命令，弹出"替换颜色"对话框。用吸管工具在花朵图像中吸取要替换的红色，单击"替换"选项组中"结果"选项的颜色图标，弹出"选择目标颜色"对话框。将要替换的颜色设置为黄色，设置"替换"选项组中其他的选项，调整图像的色相、饱和度和明度，如图 8-118 所示。单击"确定"按钮，浅粉色的花朵被替换为橘黄色，效果如图 8-119 所示。

图 8-117   图 8-118   图 8-119

选区：用于设置"颜色容差"选项的数值，数值越大吸管工具取样的颜色范围越大，在"替换"选项组中调整图像颜色的效果越明显。勾选"选区"单选项，可以创建蒙版。

8.2.6 课堂案例——制作艺术照片

案例学习目标：学习使用选取工具、创建新的填充或调整图层命令制作出需要的效果。

案例知识要点：使用矩形选框工具、渐变映射命令和通道混合器命令制作艺术照片效果，如图 8-120 所示。

效果所在位置：光盘/Ch08/效果/制作艺术照片.psd。

图 8-120

Step 01　按 Ctrl + O 组合键，打开光盘中的"Ch08 > 素材 > 制作艺术照片 > 01"文件，效果如图 8-121 所示。选择"矩形选框"工具，在图像窗口中适当的位置绘制一个矩形选区，效果如图 8-122 所示。

图 8-121

图 8-122

Step 02　单击"图层"控制面板下方的"创建新的填充或调整图层"按钮，在弹出的菜单中选择"通道混合器"命令，在"图层"控制面板中生成"通道混合器 1"图层，同时会弹出"通道混合器"控制面板，选项的设置如图 8-123 所示，单击"输出通道"选项右侧的按钮，在弹出的菜单中选择"绿"选项，弹出相应的面板，选项的设置如图 8-124 所示，再次单击"输出通道"选项右侧的按钮，在弹出的菜单中选择"蓝"选项，弹出相应的面板，选项的设置如图 8-125 所示，图像窗口中的效果如图 8-126 所示。按住 Shift 键的同时，在"图层"控制面板中，将所有图层同时选取，按 Ctrl+E 组合键，将其合并。

图 8-123

图 8-124

图 8-125

图 8-126

Step 03　选择"矩形选框"工具，在图像窗口中适当的位置绘制一个矩形选区，效果如图 8-127 所示。

Step 04 选择菜单"图像 > 调整 > 匹配颜色"命令，弹出"匹配颜色"对话框，选项的设置如图 8-128 所示，单击"确定"按钮，效果如图 8-129 所示，艺术照片制作完成。

图 8-127   图 8-128   图 8-129

8.2.7 通道混合器

原始图像效果如图 8-130 所示，选择菜单"图像 > 调整 > 通道混合器"命令，弹出"通道混合器"对话框，在对话框中进行设置，如图 8-131 所示。单击"确定"按钮，图像效果如图 8-132 所示。

图 8-130   图 8-131   图 8-132

输出通道：可以选取要修改的通道。源通道：通过拖曳滑块来调整图像。常数：也可以通过拖曳滑块调整图像。单色：可创建灰度模式的图像。

提示：所选图像的色彩模式不同，则"通道混合器"对话框中的内容也不同。

8.2.8 匹配颜色

匹配颜色命令用于对色调不同的图片进行调整，统一成一个协调的色调。打开两张不同色调的图片，如图 8-133、图 8-134 所示。选择需要调整的图片，选择菜单"图像 > 调整 > 匹配颜色"命令，弹出"匹配颜色"对话框，在"源"选项中选择匹配文件的名称，再设置其他各选项，如图 8-135 所示，单击"确定"按钮，效果如图 8-136 所示。

图 8-133　　　　　　图 8-134　　　　　　　图 8-135　　　　　　　图 8-136

目标图像：在"目标"选项中显示了所选择匹配文件的名称。如果当前调整的图中有选区，勾选"应用调整时忽略选区"复选框，可以忽略图中的选区调整整张图像的颜色；不勾选"应用调整时忽略选区"复选框，可以调整图像中选区内的颜色，效果如图 8-137、图 8-138 所示。图像选项：可以通过拖动滑块来调整图像的明亮度、颜色强度、渐隐的数值，并设置"中和"选项，用来确定调整的方式。图像统计：用于设置图像的颜色来源。

图 8-137　　　　　　图 8-138

8.3 课堂练习——调整编色照片

练习知识要点：使用通道混合器命令和可选颜色命令调整图片颜色，效果如图 8-139 所示。
效果所在位置：光盘/Ch08/效果/调整偏色照片.psd。

图 8-139

8.4 课后习题——制作美好时光插画

习题知识要点：使用色彩平衡命令调整人物图片的颜色，使用矩形选框工具、扭曲命令改变矩形的形状制作出装饰矩形，效果如图 8-140 所示。

效果所在位置：光盘/Ch08/效果/制作美好时光插画.psd。

图 8-140

第**9**章

图层的应用

本章将主要介绍图层的基本应用知识及应用技巧，讲解图层的基本概念、基础调整方法以及混合模式、样式、蒙版、智能对象图层等高级应用知识。通过本章的学习可以应用图层知识制作出多变的图像效果，可以对图像快速添加样式效果，还可以单独对智能对象图层进行编辑。

【教学目标】

- 图层的混合模式。
- 图层样式。
- 新建填充和调整图层。
- 图层复合、盖印图层与智能对象图层。

9.1 图层的混合模式

图层混合模式在图像处理及效果制作中被广泛应用，特别是在多个图像合成方面更有其独特的作用及灵活性。

9.1.1 课堂案例——制作产品宣传画

案例学习目标：为图层添加不同的模式使图层产生多种不同的效果。

案例知识要点：使用图层的混合模式命令更改图像的显示效果，使用钢笔工具绘制删除路径，使用图层新式命令为图像添加特效，如图 9-1 所示。

效果所在位置：光盘/Ch09/效果/制作产品宣传画.psd。

图 9-1

1.制作底图效果

Step 01 按 Ctrl + N 组合键，新建一个文件，宽度为 10cm，高度为 10cm，分辨率为 200 像素/英寸，颜色模式为 RGB，背景内容为白色，单击"确定"按钮。

Step 02 单击"图层"控制面板下方的"创建新图层"按钮，生成新的图层并将其命名为"图形"。选择"渐变"工具，单击属性栏中的"点按可编辑渐变"按钮，弹出"渐变编辑器"对话框，将渐变色设为从深蓝色（其 R、G、B 的值分别为 0、95、175）到淡蓝色（其 R、G、B 的值分别为 208、225、240），并将淡蓝色的不透明度色块设为 0，如图 9-2 所示，单击"确定"按钮，在属性栏中选择"线性渐变"按钮，按住 Shift 键的同时，在图像窗口中由上至下拖曳渐变，如图 9-3 所示。

图 9-2   图 9-3

Step 03 选择"钢笔"工具，选中属性栏中的"路径"按钮，在图形窗口中绘制一条闭合路径，如图 9-4 所示。按 Ctrl+Enter 组合键，将路径转换为选区，按 Delete 键，将其删除，效果如图 9-5 所示。

图 9-4   图 9-5

2.制作混合图像效果

Step 01   按 Ctrl + O 组合键，打开光盘中的"Ch09 > 素材 > 制作产品宣传画 > 01"文件，选择"移动"工具 ，将素材图片拖曳到图像窗口中，效果如图 9-6 所示，在"图层"控制面板中生成新的图层并将其命名为"图片"。拖曳"图片"图层到控制面板下方的"创建新图层"按钮 上进行复制，生成新的图层"图片 副本"。单击"图片 副本"图层左侧的眼睛图标 ，将其隐藏，如图 9-7 所示。

图 9-6   图 9-7

Step 02   选择"图层"图层。单击"图层"控制面板下方的"添加图层蒙版"按钮 ，为"图片"图层添加蒙版，如图 9-8 所示。选择"渐变"工具 ，单击属性栏中的"点按可编辑渐变"按钮 ，弹出"渐变编辑器"对话框，将渐变色设为从黑色到白色再到黑色，如图 9-9 所示，单击"确定"按钮，在属性栏中选择"线性渐变"按钮 ，按住 Shift 键的同时，在图像窗口中由上至下拖曳渐变，如图 9-10 所示。在"图层"控制面板上方，将"图层"图层的混合模式选项设为"叠加"，如图 9-11 所示，图像效果如图 9-12 所示。

图 9-8   图 9-9   图 9-10

图 9-11 图 9-12

Step 03 按 Ctrl + O 组合键，分别打开光盘中的"Ch09 > 素材 > 制作产品宣传画 > 03、04"文件，选择"移动"工具 ，分别将图片拖曳到图像窗口中适当的位置，效果如图 9-13 所示，在"图层"控制面板中分别生成新的图层并将其命名为"图片 2"、"文字"。按住 Shift 键的同时，将"图片 2"图层和"文字"图层同时选取，如图 9-14 所示，拖曳图层到"图形"图层的下方，如图 9-15 所示，图像窗口中的效果如图 9-16 所示。

图 9-13 图 9-14 图 9-15 图 9-16

Step 04 选择"魔棒"工具 ，在图像窗口中白色区域单击，白色区域生成选区，如图 9-17 所示。在"图层"控制面板中，选择"图片 副本"图层，并单击"图片 副本"图层左侧的空白图标 ，将其显示，效果如图 9-18 所示。按 Delete 键，将选区中的图像删除，按 Ctrl+D 组合键，取消选区状态，效果如图 9-19 所示。

图 9-17 图 9-18 图 9-19

Step 05 单击"图层"控制面板下方的"添加图层样式"按钮 ，在弹出的菜单中选择"投影"命令，弹出对话框，将阴影颜色设为黑色，其他选项的设置如图 9-20 所示，单击"确定"按钮，效果如图 9-21 所示。在"图层"控制面板上方，将"图片 副本"图层的混合模式选项设为"叠加"，图像效果如图 9-22 所示。

图 9-20   图 9-21   图 9-22

Step 06 按 Ctrl + O 组合键，打开光盘中的"Ch09 > 素材 > 制作产品宣传画 > 02"文件，选择"移动"工具 ，将文字拖曳到图像窗口中的上方，效果如图 9-23 所示，在"图层"控制面板中生成新的图层并将其命名为"文字 2"。在"图层"控制面板上，将"文字 2"图层的混合模式选项设为"柔光"，并拖曳"文字 2"图层到"图片 副本"图层的下方，如图 9-24 所示。产品宣传画制作完成，效果如图 9-25 所示。

图 9-23   图 9-24   图 9-25

9.1.2 图层混合模式

图层的混合模式命令用于为图层添加不同的模式，使图层产生不同的效果。在"图层"控制面板中，"设置图层的混合模式"选项 正常 用于设定图层的混合模式，它包含 24 种模式。

打开一幅图像如图 9-26 所示，"图层"控制面板中的效果如图 9-27 所示。

图 9-26   图 9-27

在对"人物"图层应用不同的图层模式后，图像效果如图 9-28 所示。

图 9-28

排除　　　　　色相　　　　　饱和度　　　　　颜色　　　　　明度

图 9-28（续）

9.2 图层样式

图层特殊效果命令用于为图层添加不同的效果，使图层中的图像产生丰富的变化。

9.2.1 课堂案例——制作旅游宣传单

案例学习目标：为图层添加不同的样式效果使用图像立体化。

案例知识要点：使用添加图层样式命令为图像添加特殊效果，如图 9-29 所示。

效果所在位置：光盘/Ch09/效果/制作旅游宣传单.psd。

图 9-29

Step 01　按 Ctrl + O 组合键，打开光盘中的"Ch09 > 素材 > 制作旅游宣传单 > 01"文件，图像效果如图 9-30 所示。按 Ctrl + O 组合键，打开光盘中的"Ch09 > 素材 > 制作旅游宣传单 > 02"文件，选择"移动"工具，将图片拖曳到图像窗口的上方位置，效果如图 9-31 所示，在"图层"控制面板中生成新的图层并将其命名为"图形"。

Step 02　单击"图层"控制面板下方的"添加图层样式"按钮 fx.，在弹出的菜单中选择"投影"命令，弹出对话框，将阴影颜色设为黑色，其他选项的设置如图 9-32 所示。选择"内阴影"选项，切换到相应的控制面板，进行设置，如图 9-33 所示。选择"外发光"选项，切换到相应的控制面板，将发光颜色设为橙色（其 R、G、B 的值分别为 235、175、35），其他选项的设置如图 9-34 所示，单击"确定"按钮，效果如图 9-35 所示。

图 9-30

图 9-31

图 9-32

图 9-33

图 9-34

图 9-35

Step 03 单击"图层"控制面板下方的"添加图层样式"按钮 *fx.*，在弹出的菜单中选择"内发光"命令，弹出对话框，将发光颜色设为淡黄色（其 R、G、B 的值分别为 244、242、187），其他选项的设置如图 9-36 所示。选择"斜面浮雕"选项，切换到相应的控制面板，进行设置，如图 9-37 所示。选择"描边"选项，切换到相应的控制面板，将描边颜色设为橙色（其 R、G、B 的值分别为 235、175、35），其他选项的设置如图 9-38 所示，单击"确定"按钮，效果如图 9-39 所示。旅游宣传单制作完成。

图 9-36

图 9-37

图 9-38   图 9-39

"样式"控制面板用于存储各种图层特效,并将其快速地套用在要编辑的对象中,这样,可以节省操作步骤和操作时间。

选择要添加样式的文字,如图 9-40 所示。选择菜单"窗口 > 样式"命令,弹出"样式"控制面板,单击控制面板右上方的图标 ,在弹出的菜单中选择"Web 样式"命令,弹出提示对话框,如图 9-41 所示,单击"追加"按钮,样式被载入到控制面板中,选择"绿色回环"样式,如图 9-42 所示,文字被添加上样式,效果如图 9-43 所示。

图 9-40   图 9-41

图 9-42   图 9-43

样式添加完成后,"图层"控制面板中的效果如图 9-44 所示。如果要删除其中某个样式,将其直接拖曳到控制面板下方的"删除图层"按钮 上即可,如图 9-45 所示,删除后的效果如图 9-46 所示。

图 9-44　　　　　　　　　　图 9-45　　　　　　　　　　图 9-46

9.2.3　图层样式

Photoshop CS4 提供了多种图层样式可供选择，可以单独为图像添加一种样式，还可同时为图像添加多种样式。

单击"图层"控制面板右上方的图标 ，将弹出命令菜单，选择"混合选项"命令，弹出"混合选项"对话框，如图 9-47 所示。此对话框用于对当前图层进行特殊效果的处理。单击对话框左侧的任意选项，将弹出相应的效果对话框。

还可以单击"图层"控制面板下方的"添加图层样式"按钮 ，弹出其菜单命令，如图 9-48 所示。

图 9-47　　　　　　　　　　　　　　　图 9-48

投影命令用于使图像产生阴影效果；内阴影命令用于使图像内部产生阴影效果；外发光命令用于在图像的边缘外部产生一种辉光效果，效果如图 9-49 所示。

投影　　　　　　　　　　内阴影　　　　　　　　　外发光

图 9-49

　　内发光命令用于在图像的边缘内部产生一种辉光效果；斜面和浮雕命令用于使图像产生一种倾斜与浮雕的效果；光泽命令用于使图像产生一种光泽的效果，效果如图 9-50 所示。

内发光　　　　　　　　　　　斜面和浮雕　　　　　　　　　　　光泽

图 9-50

　　颜色叠加命令用于使图像产生一种颜色叠加效果；渐变叠加命令用于使图像产生一种渐变叠加效果，效果如图 9-51 所示。图案叠加命令用于在图像上添加图案效果；描边命令用于为图像描边，效果如图 9-52 所示。

颜色叠加　　　　　　　　　　　渐变叠加

图 9-51

图案叠加　　　　　　　　　　　描边

图 9-52

9.3　新建填充和调整图层

　　应用填充和调整图层命令可以通过多种方式对图像进行填充和调整，使图像产生不同的效果。

9.3.1 课堂案例——制作个性照片

案例学习目标：学习使用填充和调整图层命令制作照片，使用图层混合模式命令改变图像的显示效果。

案例知识要点：使用图层的混合模式命令更改图像的显示效果，使用色阶、色彩平衡命令调整图像颜色，使用填充命令为图像填充图案，使用色相/饱和度命令调整图像颜色，如图 9-53 所示。

效果所在位置：光盘/Ch09/效果/制作个性照片.psd。

1. 调整图像效果

图 9-53

Step 01 按 Ctrl + N 组合键，新建一个文件，宽度为 21cm，高度为 29.7cm，分辨率为 200 像素/英寸，颜色模式为 RGB，背景内容为白色，单击"确定"按钮。按 Ctrl + O 组合键，打开光盘中的"Ch09 > 素材 > 制作个性照片 > 01"文件，选择"移动"工具 ，拖曳图片到图像窗口中，如图 9-54 所示，在"图层"控制面板中生成新的图层并将其命名为"图片"。按 Ctrl+L 组合键，弹出"色阶"对话框，进行设置，如图 9-55 所示，图像效果如图 9-56 所示。

图 9-54 　　　　　　　　图 9-55 　　　　　　　　图 9-56

Step 02 单击"图层"控制面板下方的"创建新的填充或调整图层"按钮 ，在弹出的菜单中选择"色彩平衡"命令，在"图层"控制面板中生成"色彩平衡 1"图层，同时弹出"色彩平衡"面板，选项的设置如图 9-57 所示。选择"阴影"选项，切换到相应的面板，选项的设置如图 9-58 所示，图像效果如图 9-59 所示。

图 9-57 　　　　　　　　图 9-58 　　　　　　　　图 9-59

Step 03 按 Ctrl + O 组合键，打开光盘中的"Ch09 > 素材 > 制作个性照片 > 02"文件，选择"移动"工具 ，拖曳图片到图像窗口中，如图 9-60 所示，在"图层"控制面板中生成新的图层并将其命名为"人物"。在"图层"控制面板上，将"人物"图层的混合模式选项设为"强光"，如图 9-61 所示，图像效果如图 9-62 所示。

　　图 9-60　　　　　　　　　图 9-61　　　　　　　　图 9-62

Step 04 在"图层"控制面板中，拖曳"人物"图层到控制面板下方的"创建新图层"按钮 上进行复制，生成新的图层"人物 副本"。在"图层"控制面板上，将"人物 副本"图层的混合模式选项设为"叠加"，如图 9-63 所示，图像效果如图 9-64 所示。

　　　　图 9-63　　　　　　　　　图 9-64

Step 05 单击"图层"控制面板下方的"创建新的填充或调整图层"按钮 ，在弹出的菜单中选择"图案填充"命令，在"图层"控制面板中生成"图案填充 1"图层，同时弹出"图案"面板，单击"预设图案"按钮，弹出图案选择面板，单击"图案"面板右侧的三角形按钮 ，在弹出的下拉菜单中选择"图案"命名，在"图案"面板中选择需要的图案，如图 9-65 所示，并将"缩放"选项设为 1000%，如图 9-66 所示，图像窗口中的效果如图 9-67 所示。

　　　图 9-65　　　　　　　　　图 9-66　　　　　　　　图 9-67

Step 06 在"图层"控制面板下方，将"图案填充 1"图层的混合模式选项设为"叠加"，并将"不透明度"选项设为 50%，如图 9-68 所示，图像效果如图 9-69 所示。

图 9-68　　　　　　　　　　　图 9-69

2．添加并调整装饰图形

Step 01　按 Ctrl + O 组合键，打开光盘中的"Ch09 > 素材 > 制作个性照片 > 03"文件，选择"移动"工具 ，拖曳图片到图像窗口中，如图 9-70 所示，在"图层"控制面板中生成新的图层并将其命名为"树叶"。在"图层"控制面板上，将"树叶"图层的混合模式选项设为"叠加"，如图 9-71 所示，图像效果如图 9-72 所示。

图 9-70　　　　　　　　图 9-71　　　　　　　　图 9-72

Step 02　按住 Ctrl 键的同时，单击"树叶"图层的缩览图，图像窗口生成选区，如图 9-73 所示，单击"图层"控制面板下方的"创建新的填充和调整图层"按钮 ，在弹出的菜单中选择"色相/饱和度"命令，在"图层"控制面板中生成"色相/饱和度 1"图层，同时弹出"色相/饱和度"面板，选项的设置如图 9-74 所示，效果如图 9-75 所示。在"图层"控制面板上，将"色相/饱和度 1"图层的混合模式选项设为"叠加"，效果如图 9-76 所示。

图 9-73　　　　　　　图 9-74　　　　　　　　图 9-75　　　　　　　图 9-76

Step 03　按 Ctrl + O 组合键，打开光盘中的"Ch09 > 素材 > 制作个性照片 > 04"文件，选择"移动"工具，将图形拖曳到图像窗口中适当的位置，如图 9-77 所示，在"图层"控制面板中生成新图层并将其命名为"圆点"。在"图层"控制面板上方，将"圆点"图层的混合模式选项设为"叠加"，如图 9-78 所示，效果如图 9-79 所示。

图 9-77　　　　　　图 9-78　　　　　　图 9-79

Step 04　按 Ctrl + O 组合键，打开光盘中的"Ch09 > 素材 > 制作个性照片 > 05、06"文件，选择"移动"工具，分别将图形和文字拖曳到图像窗口中适当的位置，如图 9-80 所示，在"图层"控制面板中分别生成新图层并将其命名为"星光"、"文字"。在"图层"控制面板上方，将"文字"图层的"不透明度"选项设为 50%，效果如图 9-81 所示。个性照片制作完成。

图 9-80　　　　　　图 9-81

9.3.2　填充图层

当需要新建填充图层时，选择菜单"图层 > 新建填充图层"命令，或单击"图层"控制面板下方的"创建新的填充和调整图层"按钮，弹出填充图层的 3 种方式，如图 9-82 所示，选择其中的一种方式，将弹出"新建图层"对话框，如图 9-83 所示，单击"确定"按钮，将根据选择的填充方式弹出不同的填充对话框，以"渐变填充"为例，如图 9-84 所示，单击"确定"按钮，"图层"控制面板和图像的效果如图 9-85、图 9-86 所示。

图 9-82　　　　　　　　　　图 9-83

| 图 9-84 | 图 9-85 | 图 9-86 |

9.3.3 调整图层

当需要对一个或多个图层进行色彩调整时，选择菜单"图层 > 新建调整图层"命令，或单击"图层"控制面板下方的"创建新的填充或调整图层"按钮 ，弹出调整图层的多种方式，如图 9-87 所示，选择其中的一种方式，将弹出"新建图层"对话框，如图 9-88 所示，选择不同的调整方式，将弹出不同的调整对话框，以"色相/饱和度"为例，如图 9-89 所示，单击"确定"按钮，"图层"控制面板和图像的效果如图 9-90、图 9-91 所示。

| 图 9-87 | 图 9-88 | 图 9-89 |

| 图 9-90 | 图 9-91 |

9.4 图层复合、盖印图层与智能对象图层

应用图层复合、盖印图层、智能对象图层命令可以提高制作图像的效率，快速地得到制作过程中的步骤效果。

9.4.1　课堂案例——制作经典回忆特效

案例学习目标：学习使用图层复合控制面板制作复合图层。

案例知识要点：使用图层混合样式命令和添加图层蒙版命令更改图像的显示效果，使用创建新的填充或调整图层命令制作图像效果，使用描边命令为选区添加白色描边，使用图层复合面板创建图层复合图层，如图 9-92 所示。

效果所在位置：光盘/Ch09/效果/制作经典回忆特效.psd。

图 9-92

1．制作图片的混合效果

Step 01 按 Ctrl + O 组合键，打开光盘中的"Ch09 > 素材 > 制作经典回忆特效 > 01"文件，图像效果如图 9-93 所示。按 Ctrl + O 组合键，打开光盘中的"Ch09 > 素材 > 制作经典回忆特效 > 02"文件，选择"移动"工具 ，将图片拖曳到图像窗口中，如图 9-94 所示，在"图层"控制面板中生成新的图层并将其命名为"图片"。

图 9-93　　　　　　　　　　　　　　图 9-94

Step 02 选择"多边形套索"工具 ，绘制一个不规则选区，效果如图 9-95 所示。按 Shift+F6 组合键，弹出"羽化选区"对话框，选项的设置如图 9-96 所示，单击"确定"按钮，效果如图 9-97 所示。

图 9-95　　　　　　　　　　　图 9-96　　　　　　　　　　　　　图 9-97

Step 03 单击"图层"控制面板下方的"添加图层蒙版"按钮 ，为"图片"图层添加蒙版，如图 9-98 所示，效果如图 9-99 所示。并在"图层"控制面板上方，将"图片"图层的混合模式选项设为"明度"，效果如图 9-100 所示。

图 9-98　　　　　　　　　　　图 9-99　　　　　　　　　　　　　图 9-100

Step 04 选择菜单"窗口 > 图层复合"命令，弹出"图层复合"控制面板，如图 9-101 所示。单击"图层复合"控制面板下方的"创建新的图层复合"按钮 ，弹出"新建图层复合"对话框，如图 9-102 所示，单击"确定"按钮，"图层复合"控制面板如图 9-103 所示。

图 9-101   图 9-102   图 9-103

Step 05 按 Ctrl + O 组合键，打开光盘中的"Ch09 > 素材 > 制作经典回忆特效 > 03"文件，选择"移动"工具 ，将图片拖曳到图像窗口中，如图 9-104 所示，在"图层"控制面板中生成新的图层并将其命名为"图片 1"。在"图层"控制面板上方，将"图片 1"图层的混合模式选项设为"强光"，如图 9-105 所示，图像效果如图 9-106 所示。

图 9-104   图 9-105   图 9-106

Step 06 单击"图层"控制面板下方的"添加图层蒙版"按钮 ，为"图片 1"图层添加蒙版。选择"渐变"工具 ，将渐变色设为从白色到黑色，如图 9-107 所示，在属性栏中选择"线性渐变"按钮 ，按住 Shift 键的同时，在图像窗口中从左上向右下拖曳渐变色，效果如图 9-108 所示。

图 9-107   图 9-108

Step 07 单击"图层"控制面板下方的"创建新的填充或调整图层"按钮 ，在弹出的菜单中选择"渐变填充"命令，在"图层"控制面板中生成"渐变填充 1"图层，同时弹出"渐变填充"对话框，单击"点按可编辑渐变"按钮 ，弹出"渐变编辑器"对话框，在"位置"选项中分别输入 0、52、100 这 3 个位置点，分别设置 3 个位置点颜色的 RGB 值为 0（90、131、1）、52（4、1、131）、100（255、124、0），如图 9-109 所示，单击"确定"按钮，回到"渐变填充"

对话框，在面板中进行设置如图 9-110 所示，单击"确定"按钮。并在"图层"控制面板上方，将"渐变填充 1"图层的混合模式选项设为"柔光"，效果如图 9-111 所示。

图 9-109　　　　　　　　　图 9-110　　　　　　　　　图 9-111

Step 08　单击"图层复合"控制面板下方的"创建新的图层复合"按钮 ，弹出"新建图层复合"对话框，如图 9-112 所示，单击"确定"按钮，"图层复合"控制面板如图 9-113 所示。

图 9-112　　　　　　　　　　　　　图 9-113

Step 09　按 Ctrl + O 组合键，打开光盘中的"Ch09 > 素材 > 制作经典回忆特效 > 04"文件，选择"移动"工具 ，将图片拖曳到图像窗口中，如图 9-114 所示，在"图层"控制面板中生成新的图层并将其命名为"图片 2"。在"图层"控制面板上方，将"图片 2"图层的混合模式选项设为"叠加"，并将"不透明度"选项设为 60%，如图 9-115 所示，图像效果如图 9-116 所示。

图 9-114　　　　　　　　　图 9-115　　　　　　　　　图 9-116

Step 10　单击"图层"控制面板下方的"创建新图层"按钮 ，生成新图层并将其命名为"白色羽化"。选择"椭圆选框"工具，在图像窗口中绘制一个椭圆形选区，如图 9-117 所示。按 Shift+F6 组合键，弹出"羽化选区"对话框，选项的设置如图 9-118 所示，单击"确定"按钮，如图 9-119 所示。

图 9-117   图 9-118   图 9-119

Step 11 将椭圆形选区拖曳到图像窗口中的左下角，如图 9-120 所示。将前景色设为白色，用前景色填充选区，按 Ctrl+D 组合键，取消选区，效果如图 9-121 所示。

图 9-120   图 9-121

Step 12 单击"图层复合"控制面板下方的"创建新的图层复合"按钮 ，弹出"新建图层复合"对话框，如图 9-122 所示，单击"确定"按钮，"图层复合"控制面板如图 9-123 所示。

图 9-122   图 9-123

2 .添加装饰图形

Step 01 按 Ctrl + O 组合键，打开光盘中的"Ch09 > 素材 > 制作经典回忆特效 > 05"文件，选择"移动"工具 ，将图片拖曳到图像窗口中，如图 9-124 所示，在"图层"控制面板中生成新的图层并将其命名为"蝴蝶"。在"图层"控制面板上方，将"蝴蝶"图层的混合模式选项设为"变亮"，图像效果如图 9-125 所示。

图 9-124   图 9-125

Step 02 按住 Ctrl 键的同时，单击 "蝴蝶" 图层的缩缆图，图像周围生成选区，效果如图 9-126 所示。新建图层并将其命名为 "路径描边"。选择菜单 "选择 > 修改 > 扩展" 命令，在弹出的对话框中进行设置，如图 9-127 所示，单击 "确定" 按钮，将蝴蝶选区扩展。选择菜单 "编辑 > 描边" 命令，在弹出的对话框中，将描边颜色设为白色，其他选项的设置如图 9-128 所示，单击 "确定" 按钮，按 Ctrl+D 组合键，取消选区，效果如图 9-129 所示。

图 9-126

图 9-127

图 9-128

图 9-129

Step 03 选择菜单 "滤镜 > 模糊 > 高斯模糊" 命令，在弹出的对话框中进行设置，如图 9-130 所示，单击 "确定" 按钮，效果如图 9-131 所示。

图 9-130

图 9-131

Step 04 选择 "多边形套索" 工具，在图像窗口的下方绘制一个不规则选区，效果如图 9-132 所示。单击 "图层" 控制面板下方的 "创建新的填充或调整图层" 按钮，在弹出的菜单中选择 "色相/饱和度" 命令，"图层" 控制面板中生成 "色相/饱和度 1" 图层，同时弹出 "色相/饱和度" 控制面板，在面板中进行设置，如图 9-133 所示，图像效果如图 9-134 所示。

图 9-132　　　　　　　　图 9-133　　　　　　　　图 9-134

`Step 05` 选择"多边形套索"工具 ，在图像窗口的下方绘制一个不规则选区，效果如图 9-135 所示。单击"图层"控制面板下方的"创建新的填充或调整图层"按钮 ，在弹出的菜单中选择 "色相/饱和度"命令，"图层"控制面板中生成"色相/饱和度 2"图层，同时弹出"色相/饱和度" 控制面板，在面板中进行设置，如图 9-136 所示，图像效果如图 9-137 所示。

图 9-135　　　　　　　　图 9-136　　　　　　　　图 9-137

`Step 06` 按 Ctrl + O 组合键，打开光盘中的"Ch09 > 素材 > 制作经典回忆特效 > 06"文件，选 择"移动"工具 ，将文件拖曳到图像窗口中，在"图层"控制面板中生成新的图层并将其命名 为"文字"，如图 9-138 所示，图像窗口如图 9-139 所示。

图 9-138　　　　　　　　　　　　图 9-139

`Step 07` 单击"图层"控制面板下方的"创建新图层复合"按钮 ，弹出"新建图层复合"对 话框，如图 9-140 所示，单击"确定"按钮，"图层复合"控制面板如图 9-141 所示。在"图层复合"控制面板中，单击"图层复合 2"左侧的方框，可以观察"图层复合 2"中的图像，"图层复合"
面板如图 9-142 所示，效果如图 9-143 所示。经典回忆特效制作完成。

图 9-140

图 9-141

图 9-142

图 9-143

将同一文件中的不同图层效果组合并另存为多个"图层效果组合"，可以对不同的图层复合中
的效果进行比对。

1. 图层复合与图层复合控制面板

"图层复合"控制面板可将同一文件中的不同图层效果组合并另存为多个"图层效果组合"，可
以更加方便快捷地展示和比较不同图层组合设计的视觉效果。

设计好的图像效果如图 9-144 所示，"图层"控制面板中的效果如图 9-145 所示。选择菜单"窗
口 > 图层复合"命令，弹出"图层复合"控制面板，如图 9-146 所示。

图 9-144　　　　　　　　图 9-145　　　　　　　　图 9-146

2. 创建图层复合

单击"图层复合"控制面板右上方的图标 ，在弹出式菜单中选择"新建图层复合"命令，
弹出"新建图层复合"对话框，如图 9-147 所示，单击"确定"按钮，建立"图层复合 1"，如图
9-148 所示，所建立的"图层复合 1"中存储的是当前的制作效果。

图 9-147   图 9-148

3．应用和查看图层复合

再对图像进行修饰和编辑，图像效果如图 9-149 所示，"图层"控制面板如图 9-150 所示。选择"新建图层复合"命令，建立"图层复合 2"，如图 9-151 所示，所建立的"图层复合 2"中存储的是修饰编辑后的制作效果。

图 9-149   图 9-150   图 9-151

4．导出图层复合

在"图层复合"控制面板中，单击"图层复合 1"左侧的方框，显示 图标，如图 9-152 所示，可以观察"图层复合 1"中的图像，效果如图 9-153 所示。单击"图层复合 2"左侧的方框，显示 图标，如图 9-154 所示，可以观察"图层复合 2"中的图像，效果如图 9-155 所示。

单击"应用选中的上一图层复合"按钮 ◀ 和"应用选中的下一图层复合"按钮 ▶ ，可以快速地对两次的图像编辑效果进行比较。

图 9-152   图 9-153   图 9-154   图 9-155

9.4.3 盖印图层

盖印图层是将图像窗口中所有当前显示出来的图像合并到一个新的图层中。

在"图层"控制面板中选中一个可见图层，如图 9-156 所示，选择 Ctrl+Alt+Shift+E 组合键，将每个图层中的图像复制并合并到一个新的图层中，如图 9-157 所示。

图 9-156　　　　　　　　　　图 9-157

提示： 在执行此操作时，必须选择一个可见的图层，否则将无法实现此操作。

9.4.4　智能对象图层

智能对象全称为智能对象图层。智能对象可以将一个或多个图层，甚至是一个矢量图形文件包含在 Photoshop 文件中。以智能对象形式嵌入到 Photoshop 文件中的位图或矢量文件，与当前的 Photoshop 文件能够保持相对的独立性。当对 Photoshop 文件进行修改或对智能对象进行变形、旋转时，不会影响嵌入的位图或矢量文件。

1．创建智能对象

使用置入命令：选择菜单"文件 > 置入"命令为当前的图像文件置入一个矢量文件或位图文件。

使用转换为智能对象命令：选中一个或多个图层后，选择菜单"图层 > 智能对象 > 转换为智能对象"命令，可以将选中的图层转换为智能对象图层。

使用粘贴命令：在 Illustrator 软件中对矢量对象进行复制，再回到 Photoshop 软件中将复制的对象进行粘贴。

2．编辑智能对象

智能对象以及"图层"控制面板中的效果如图 9-158、图 9-159 所示。双击"人物"图层的缩览图，Photoshop CS4 将打开一个新文件，即为智能对象"人物"，如图 9-160 所示。此智能对象文件包含 1 个普通图层，如图 9-161 所示。

图 9-158　　　　　　图 9-159　　　　　　图 9-160　　　　　　图 9-161

在智能对象文件中对图像进行修改并保存，效果如图 9-162 所示，修改操作将影响嵌入此智能对象文件的图像的最终效果，如图 9-163 所示。

图 9-162　　　　　　　图 9-163

9.5 课堂练习——制作 MP4 播放器广告

练习知识要点：使用羽化命令和渐变命令制作背景效果，使用扩展命令、滤镜命令和渐变工具制作文字阴影，使用添加图层样式命令为音符图形添加特殊效果，如图 9-164 所示。

效果所在位置：光盘/Ch09/效果/制作 MP4 播放器广告.psd。

图 9-164

9.6 课后习题——制作手表海报

习题知识要点：使用混合模式制作图片的合成，使用变形命令调整图形的形状，使用椭圆工具和橡皮擦工具制作光，使用自定形状工具和多种图层样式命令制作皇冠，使用矩形选框工具、渐变工具和变形命令制作蝴蝶翅膀，使用横排文字工具添加宣传语，如图 9-165 所示。

效果所在位置：光盘/Ch09/效果/制作手表海报.psd。

图 9-165

第 **10** 章

文字的使用

本章将主要介绍 Photoshop CS4 中文字的输入以及编辑方法。通过本章的学习，要了解并掌握文字的功能及特点，快速地掌握点文字、段落文字的输入方法，变形文字的设置以及路径文字的制作。

【教学目标】

- 文本、段落文本与文字的转换。
- 文字变形效果。
- 在路径上创建并编辑文字。

10.1 文本、段落文本与文字的转换

应用文字工具输入文字或段落文字，并对文字进行编辑。

10.1.1 课堂案例——制作个性日历

案例学习目标：学习使用自定形状工具绘制图形，使用文本工具输入文字并对文字进行编辑。

案例知识要点：使用矩形选框工具绘制背景，使用混合模式改变图片的颜色，使用自定形状工具绘制装饰箭头，使用投影命令制作文字的深红色投影，效果如图 10-1 所示。

效果所在位置：光盘/Ch10/效果/制作个性日历.psd。

图 10-1

1. 制作背景

Step 01　按 Ctrl+N 组合键，新建一个文件：宽度为 7 厘米，高度为 6 厘米，分辨率为 300 像素/英寸，颜色模式为 RGB，背景内容为白色，单击"确定"按钮。将前景色设为暗红色（其 R、G、B 的值分别为 217、122、112），按 Alt+Delete 组合键，用前景色填充"背景"图层，如图 10-2 所示。

Step 02　新建图层并将其命名为"橘黄色矩形"。将前景色设为橘黄色（其 R、G、B 的值分别为 255、151、91）。选择"矩形选框"工具，在图像窗口的右侧绘制一个矩形选区，按 Alt+Delete 组合键，用前景色填充选区，如图 10-3 所示。按 Ctrl+D 组合键，取消选区。

图 10-2

图 10-3

Step 03　按 Ctrl + O 组合键，打开光盘中的"Ch10 >素材> 制作个性日历 > 01"文件，选择"移动"工具，将图片拖曳到图像窗口中，并调整其大小及位置，效果如图 10-4 所示，在"图层"控制面板中生成新的图层并将其命名为"人物"。在"图层"控制面板上方将该图层的混合模式设为"明度"，如图 10-5 所示，效果如图 10-6 所示。

图 10-4

图 10-5

图 10-6

Step 04　新建图层并将其命名为"线条"。将前景色设为粉红色（其 R、G、B 的值分别为 250、169、161）。选择"单列选框"工具 ，选中属性栏中的"添加到选区"按钮 ，分别在图像窗口中绘制两个选区，如图 10-7 所示。按 Alt+Delete 组合键，用前景色填充选区，按 Ctrl+D 组合键，取消选区。选择"矩形选框"工具 ，在图像窗口中绘制一个矩形选区，用前景色填充选区，如图 10-8 所示。按 Ctrl+D 组合键，取消选区。

图 10-7　　　　　　　　　　　图 10-8

2.　添加背景文字

Step 01　将前景色设为深红色（其 R、G、B 的值分别为 93、27、20）。选择"直排文字"工具 ，输入需要的文字并选取文字，在属性栏中选择合适的字体并设置文字大小，如图 10-9 所示，在"图层"控制面板中生成新的文字图层，效果如图 10-10 所示。

图 10-9　　　　　　　　　　　图 10-10

Step 02　选择"移动"工具 ，按 Ctrl+T 组合键，在文字周围出现控制手柄，分别选中右侧和下方中间的控制手柄并将其拖曳到适当的位置，改变文字的形状并调整文字的位置，如图 10-11 所示，按 Enter 键确认操作，效果如图 10-12 所示。

图 10-11　　　　　　　　　　　图 10-12

Step 03　在"图层"控制面板上方，将"M"图层的混合模式设为"线性减淡（添加）"，如图 10-13 所示，效果如图 10-14 所示。

图 10-13　　　　　　　　　　　图 10-14

Step 04　将前景色设为粉红色（其 R、G、B 的值分别为 255、149、132）。选择"直排文字"工具 T.，输入需要的文字并选取文字，在属性栏中选择合适的字体并设置文字大小，如图 10-15 所示，在"图层"控制面板中生成新的文字图层，效果如图 10-16 所示。

图 10-15　　　　　　　　　图 10-16

Step 05　选择"移动"工具 ，按 Ctrl+T 组合键，在文字周围出现控制手柄，分别选中文字右侧和下方中间的控制手并将其拖曳到适当的位置，改变文字的形状并调整其位置，如图 10-17 所示，按 Enter 键确认操作，效果如图 10-18 所示。

图 10-17　　　　　　　　　图 10-18

Step 06　新建图层生成"图层 1"。将前景色设为白色。选择"自定形状"工具 ，单击属性栏中的"形状"选项，弹出"形状"面板，单击面板右上方的按钮 ，在弹出的菜单中选择"全部"选项，弹出提示对话框，如图 10-19 所示，单击"追加"按钮。在"形状"面板中选中需要的图形，如图 10-20 所示。在属性栏中选中"填充像素"按钮 ，在图像窗口中绘制图形，效果如图 10-21 所示。

图 10-19　　　　　　　　　图 10-20　　　　　　　　　图 10-21

Step 07　选择"移动"工具 ，按住 Alt 键的同时，拖曳图形到适当的位置，复制一个图形。用相同的方法再次复制两个图形，效果如图 10-22 所示。按住 Shift 键的同时，选中图层 1 和图层副本图层，按 Ctrl+E 组合键，合并图层并将其命名为"形状"，如图 10-23 所示。

图 10-22　　　　　　　　　图 10-23

3. 添加并编辑文字

Step 01　选择"横排文字"工具 T，输入需要的文字并分别选取文字，在属性栏中分别选择合适的字体并设置文字大小，如图 10-24 所示，在"图层"控制面板中生成新的文字图层。

Step 02　选择"横排文字"工具 T，选取需要的文字，设置文字填充色为深红色（其 R、G、B 的值分别为 64、17、8），效果如图 10-25 所示。再次选取文字"2011 May"，单击属性栏中的"创建文字变形"按钮 工，在弹出的对话框中进行设置，如图 10-26 所示，单击"确定"按钮，效果如图 10-27 所示。

图 10-24　　　　　　　　图 10-25　　　　　　　　　图 10-26　　　　　　　　图 10-27

Step 03　选择"直排文字"工具 IT，输入需要的白色文字并选取文字，在属性栏中选择合适的字体并设置文字大小，效果如图 10-28 所示。在"图层"控制面板中生成新的文字图层，效果如图 10-29 所示。

图 10-28　　　　　　　　　　　　　　图 10-29

Step 04　将"Under May Sunlight"图层拖曳到控制面板下方的"创建新图层"按钮 上进行复制，生成新的图层"Under May Sunlight 副本"，如图 10-30 所示。按 Ctrl+T 组合键，在文字周围出现控制手柄，调整文字的大小，按 Enter 键确认操作，效果如图 10-31 所示。

图 10-30　　　　　　　　　　　　图 10-31

Step 05　在"图层"控制面板上方将该图层的"填充"选项设为 0，如图 10-32 所示。单击"图层"控制面板下方的"添加图层样式"按钮 fx，在弹出的菜单中选择"描边"命令，弹出"描边"对话框，将描边颜色设置为白色，其他选项的设置如图 10-33 所示，单击"确定"按钮，效果如图 10-34 所示。将"Under May Sunlight 副本"图层拖曳到"Under May Sunlight"图层的下方。

图 10-32   图 10-33   图 10-34

Step 06 选中"Under May Sunlight"图层。将前景色设为深红色（其 R、G、B 的值分别为 64、17、8）。选择"横排文字"工具 T，在适当的位置输入需要的文字并将文字选取，在属性栏中选择合适的字体并设置文字大小，如图 10-35 所示，在"图层"控制面板中生成新的文字图层，效果如图 10-36 所示。

图 10-35   图 10-36

Step 07 选择"横排文字"工具 T，输入需要的白色文字并选取文字，在属性栏中选择合适的字体并设置文字大小，如图 10-37 所示，在"图层"控制面板中生成新的文字图层。按 Ctrl+T 组合键，在弹出的"字符"面板中将"设置所选字符的字符字距调整"选项 AV 设置为 200，如图 10-38 所示，文字效果如图 10-39 所示。

图 10-37   图 10-38   图 10-39

Step 08 选择"横排文字"工具 T，分别选取需要的文字，将其填充为红色（其 R、G、B 的值分别为 230、0、18），效果如图 10-40 所示。单击"图层"控制面板下方的"添加图层样式"按钮 fx，在弹出的菜单中选择"投影"命令，弹出"投影"对话框，将投影颜色设为深红色（其 R、G、B 的值分别为 133、59、49），其他选项的设置如图 10-41 所示，单击"确定"按钮，效果如图 10-42 所示。个性日历制作完成，效果如图 10-43 所示。

图 10-40   图 10-41

图 10-42   图 10-43

10.1.2 输入水平、垂直文字

横排文字工具 T：选择"横排文字"工具 T，或按 T 键，属性栏如图 10-44 所示。

图 10-44

更改文本方向 T：用于选择文字输入的方向。 宋体 - ：用于设定文字的字体及属性。 T 9点 ：用于设定字体的大小。 aa 平滑 ：用于消除文字的锯齿，包括无、锐利、犀利、浑厚、平滑 5 个选项。 用于设定文字的段落格式，分别是左对齐、居中对齐、右对齐。 ：用于设置文字的颜色。创建文字变形 ：用于对文字进行变形操作。切换字符和段落调板 ：用于打开"段落"和"字符"控制面板。取消所有当前编辑 ：用于取消对文字的操作。提交所有当前编辑 ：用于确定对文字的操作。

直排文字工具 T：可以在图像中建立垂直文本，创建垂直文本工具属性栏和创建文本工具属性栏的功能基本相同。

10.1.3 创建文字形状选区

横排文字蒙版工具 T：可以在图像中建立文本的选区，创建文本选区工具属性栏和创建文本工具属性栏的功能基本相同。

直排文字蒙版工具 T：可以在图像中建立垂直文本的选区，创建垂直文本选区工具属性栏和创建文本工具属性栏的功能基本相同。

10.1.4　字符设置

"字符"控制面板用于编辑文本字符。选择菜单"窗口 > 字符"命令，弹出"字符"控制面板，如图 10-45 所示。

在控制面板中，第一栏选项可以用于设置字符的字体和样式；第二栏选项用于设置字符的大小、行距、字距和单个字符所占横向空间的大小；第三栏选项用于设置字符垂直方向的长度、水平方向的长度、角标和字符颜色；第四栏按钮用于设置字符的形式；第五栏选项用于设置字典和消除字符的锯齿。

图 10-45

单击字体选项 宋体 右侧的按钮，在其下拉列表中选择字体。在设置字体大小选项 9点 的数值框中直接输入数值，或单击选项右侧的按钮，在其下拉列表中选择字体大小的数值。在垂直缩放选项 100% 的数值框中直接输入数值，可以调整字符的高度，如图 10-46 所示。

数值为 60%时文字效果　　　　数值为 100%时文字效果　　　　数值为 140%时文字效果

图 10-46

在设置行距选项 (自动) 的数值框中直接输入数值，或单击选项右侧的按钮，在其下拉列表中选择需要的行距数值，可以调整文本段落的行距，效果如图 10-47 所示。

数值为 36 时文字效果　　　　数值为 72 时文字效果　　　　数值为 100 时文字效果

图 10-47

在水平缩放选项 100% 的数值框中输入数值，可以调整字符的宽度，效果如图 10-48 所示。

数值为 60%时文字效果　　　　数值为 100%时文字效果　　　　数值为 140%时文字效果

图 10-48

在设置所选字符的比例间距选项 0% 的下拉列表中选择百分比数值，可以对所选字符的比例间距进行细微的调整，效果如图 10-49 所示。

数值为 0%时文字效果　　　　　　数值为 100%时文字效果

图 10-49

在设置所选字符的字距调整选项 AV [100 ▼] 的数值框中直接输入数值，或单击选项右侧的按钮 [▼]，在其下拉列表中选择字距数值，可以调整文本段落的字距。输入正值时，字距加大；输入负值时，字距缩小，效果如图 10-50 所示。

数值为 0 时的效果　　　　数值为 200 时的效果　　　　数值为-100 时的效果

图 10-50

使用"横排文字"工具在两个字符间单击，插入光标，在设置两个字符间的字距微调选项 AV [0 ▼] 的数值框中输入数值，或单击选项右侧的按钮 [▼]，在其下拉列表中选择需要的字距数值。输入正值时，字符的间距加大；输入负值时，字符的间距缩小，效果如图 10-51 所示。

数值为 0 时文字效果　　　　数值为 200 时文字效果　　　　数值为-200 时文字效果

图 10-51

选中字符，在设置基线偏移选项 A³ [0 点] 的数值框中直接输入数值，可以调整字符上下移动。输入正值时，使水平字符上移，使直排的字符右移；输入负值时，使水平字符下移，使直排的字符左移，效果如图 10-52 所示。

选中字符　　　　　　数值为 20 时文字效果　　　　数值为-20 时文字效果

图 10-52

在设置文本颜色图标 颜色: ▇▇▇ 上单击，弹出"选择文本颜色"对话框，在对话框中设置需要的颜色后，单击"确定"按钮，改变文字的颜色。

设定字符形式 T T TT Tr T¹ T₁ T Ŧ：从左到右依次为"仿粗体"按钮 T、"仿斜体"按钮 T、"全部大写字母"按钮 TT、"小型大写字母"按钮 Tr、"上标"按钮 T¹、"下标"按钮 T₁、"下划线"按钮 T、"删除线"按钮 Ŧ。单击需要的形式按钮，不同的形式效果如图 10-53 所示。

正常效果	仿粗体效果	仿斜体效果
全部大写字母效果	小型大写字母效果	上标效果
下标效果	下划线效果	删除线效果

图 10-53

单击语言设置选项 美国英语 ☑ 右侧的按钮 ☑，在其下拉列表中选择需要的字典。选择字典主要用于拼写检查和连字的设定。

消除锯齿的方法选项 ªa 浑厚 ☑ 可以选择无、锐化、明晰、强、平滑 5 种消除锯齿的方法。

10.1.5　栅格化文字

▌"图层"控制面板中文字图层的效果如图 10-54 所示，选择菜单"图层 > 栅格化 > 文字"命令，可以将文字图层转换为图像图层，如图 10-55 所示。也可用鼠标右键单击文字图层，在弹出的菜单中选择"栅格化文字"命令。

图 10-54

图 10-55

10.1.6　课堂案例——制作心情日记

案例学习目标：学习使用文本工具输入段落文字并使用段落面板进行文本编辑。

案例知识要点：使用文字工具拖曳段落文本框，使用添加图层样式命令为文字添加投影、渐变叠加和描边效果，如图 10-56 所示。

效果所在位置：光盘/Ch10/效果/制作心情日记.psd。

图 10-56

Step 01　按 Ctrl+O 组合键，打开光盘中的"Ch10 > 素材 > 制作心情日记 > 01"文件，图像效果如图 10-57 所示。单击"图层"控制面板下方的"创建新图层"按钮 ，生成新的图层并将其命名为"白框"。将前景色设为白色。选择"矩形选框"工具 ⬜，在图像窗口中绘制矩形选区，单击属性栏中"从选区减去"按钮 ⬚，再绘制一个矩形选区，如图 10-58 所示。按 Alt+Delete 组合键，用前景色填充选区，效果如图 10-59 所示。

图 10-57　　　　　　　　　　图 10-58　　　　　　　　　　图 10-59

Step 02　单击"图层"控制面板下方的"添加图层样式"按钮 *fx.*，在弹出的菜单中选择"投影"命令，弹出对话框，将阴影颜色设为黑色，其他选项的设置如图 10-60 所示，单击"确定"按钮，效果如图 10-61 所示。

图 10-60　　　　　　　　　　　　　　　图 10-61

Step 03　选择"横排文字"工具 T，在属性栏中选择合适的字体并设置大小，输入需要的文字，并设置文字填充色为绿色（其 R、G、B 的值分别为 143、171、92），如图 10-62 所示。

Step 04　分别选取需要的文字，并调整其大小，文字效果如图 10-63 所示。再次选取文字"情"，选择菜单"窗口 > 字符"命令，弹出"字符"面板，选项的设置如图 10-64 所示，文字效果如图 10-65 所示。

图 10-62   图 10-63   图 10-64   图 10-65

Step 05 选择"移动"工具 ，按 Ctrl+T 组合键，文字周围出现变换框，将鼠标光标放在变换框的控制手柄外边，光标变为旋转图标 ，拖曳鼠标将文字旋转至适当的位置，按 Enter 键确认操作，效果如图 10-66 所示。单击"图层"控制面板下方的"添加图层样式"按钮 ，在弹出的菜单中选择"投影"命令，弹出对话框，将阴影色设为蓝色（其 R、G、B 的值分别为 77、165、197），其他选项的设置如图 10-67 所示。

Step 06 选择"渐变叠加"选项，切换到相应的控制面板，将渐变色设为从绿色（其 R、G、B 的值分别为 131、178、74）到蓝色（其 R、G、B 的值分别为 66、160、178），如图 10-68 所示，其他选项的设置如图 10-69 所示。选择"描边"选项，切换到相应的控制面板，将描边颜色设为淡蓝色（其 R、G、B 的值分别为 217、235、248），其他选项的设置如图 10-70 所示，单击"确定"按钮，效果如图 10-71 所示。

图 10-66   图 10-67   图 10-68

图 10-69   图 10-70   图 10-71

Step 07 选择"横排文字"工具 ，在图像窗口中鼠标光标变为 图标，单击并按住鼠标不放，向右下方拖曳鼠标，在图像窗口中拖曳出一个段落文本框，如图 10-72 所示。在文本框中输入需要的文字，并设置文字填充色为绿色（其 R、G、B 的值分别为 99、148、51），填充文字，在属性栏中选择合适的字体并设置大小，效果如图 10-73 所示。选择菜单"窗口 > 段落"命令，弹出"段落"面板，在段落面板中选择"全部对齐"选项，如图 10-74 所示，文字效果如图 10-75 所示。

图 10-72　　　　　　　　　图 10-73　　　　　　　　　图 10-74　　　　　　　　　图 10-75

Step 08　选择"移动"工具 ，按 Ctrl+T 组合键，文字周围出现变换框，将鼠标光标放在变换框的控制手柄外边，光标变为旋转图标 ，拖曳鼠标将文字旋转至适当的位置，按 Enter 键确认操作，效果如图 10-76 所示。单击"图层"控制面板下方的"添加图层样式"按钮 ，在弹出的菜单中选择"渐变叠加"命令，将渐变色设为从绿色（其 R、G、B 的值分别为 131、178、74）到蓝色（其 R、G、B 的值分别为 66、160、178），如图 10-77 所示，其他选项的设置如图 10-78 所示，单击"确定"按钮，效果如图 10-79 所示。

图 10-76　　　　　　　　　　　　　　　　图 10-77

图 10-78　　　　　　　　　　　　图 10-79

Step 09　单击"图层"控制面板下方的"创建新图层"按钮 ，生成新的图层并将其命名为"线条"。将前景色设为绿色（其 R、G、B 的值分别为 143、171、92）。选择"直线"工具 ，在属性栏中单击"填充像素"按钮 ，将"粗细"选项设为 6px，在图像窗口中绘制线段，如图 10-80 所示，再将"粗细"选项设为 4px，再绘制一条线段，如图 10-81 所示。心情日记制作完成，效果如图 10-82 所示。

图 10-80   图 10-81   图 10-82

10.1.7 输入段落文字

将"横排文字"工具 T 移动到图像窗口中，鼠标光标变为 图标。单击并按住鼠标不放，拖曳鼠标在图像窗口中创建一个段落定界框，如图 10-83 所示。插入点显示在定界框的左上角，段落定界框具有自动换行的功能，如果输入的文字较多，当文字遇到定界框时，会自动换到下一行显示，输入文字，效果如图 10-84 所示。如果输入的文字需要分出段落，可以按 Enter 键进行操作，还可以对定界框进行旋转、拉伸等操作。

图 10-83   图 10-84

10.1.8 编辑段落文字的定界框

输入文字后还可对段落文字定界框进行编辑。将鼠标放在定界框的控制点上，鼠标光标变为 ↖ ，如图 10-85 所示，拖曳控制点可以按需求缩放定界框，如图 10-86 所示。如果按住 Shift 键的同时，拖曳控制点，可以成比例地拖曳定界框。

图 10-85   图 10-86

将鼠标放在定界框的外侧，鼠标光标变为 ↻ ，此时拖曳控制点可以旋转定界框，如图 10-87 所示。按住 Ctrl 键的同时，将鼠标放在定界框的外侧，鼠标光标变为 ▷ ，拖曳鼠标可以改变定界框的倾斜度，如图 10-88 所示。

図 10-87　　　　　　　　　　図 10-88

10.1.9　段落设置

"段落"控制面板用于编辑文本段落。选择菜单"窗口 > 段落"命令，弹出"段落"控制面板，如图 10-89 所示。

▤ ▤ ▤用于调整文本段落中每行的方式：左对齐、中间对齐、右对齐。▤ ▤ ▤用于调整段落的对齐方式：段落最后一行左对齐、段落最后一行中间对齐、段落最后一行右对齐。全部对齐▤：用于设置整个段落中的行两端对齐。左缩进 ▤：在选项中输入数值可以设置段落左端的缩进量。右缩进▤：在选项中输入数值可以设置段落右端的缩进量。首行缩进 ▤：在选项中输入数值可以设置段落第一行的左端缩进量。段

图 10-89

前添加空格▤：在选项中输入数值可以设置当前段落与前一段落的距离。段后添加空格▤：在选项中输入数值可以设置当前段落与后一段落的距离。避头尾法则设置、间距组合设置：用于设置段落的样式。连字：用于确定文字是否与连字符链接。

10.1.10　横排与直排

在图像中输入横排文字，如图 10-90 所示，选择菜单"图层 > 文字 > 垂直"命令，文字将从水平方向转换为垂直方向，如图 10-91 所示。

图 10-90　　　　　　　　　　图 10-91

10.1.11　点文字与段落文字、路径、形状的转换

1．点文字与段落文字的转换

在图像中建立点文字图层，如图 10-92 所示，选择菜单"图层 > 文字 > 转换为段落文本"命令，将点文字图层转换为段落文字图层，如图 10-93 所示。

图 10-92   图 10-93

要将建立的段落文字图层转换为点文字图层，选择菜单"图层 > 文字 > 转换为点文本"命令即可。

2．将文字转换为路径

在图像中输入文字，如图 10-94 所示，选择菜单"图层 > 文字 > 创建工作路径"命令，将文字转换为路径，如图 10-95 所示。

图 10-94   图 10-95

3．将文字转换为形状

在图像中输入文字，如图 10-96 所示，选择菜单"图层 > 文字 > 转换为形状"命令，将文字转换为形状，如图 10-97 所示，在"图层"控制面板中，文字图层被形状路径图层所代替，如图 10-98 所示。

图 10-96   图 10-97   图 10-98

10.2 文字变形效果

可以根据需要将输入完成的文字进行各种变形。

10.2.1　课堂案例——制作音乐播放器广告

案例学习目标：学习使用创建变形文字命令制作变形文字。

案例知识要点：使用文字工具输入文字，使用创建变形文字命令制作变形文字，如图 10-99 所示。

效果所在位置：光盘/Ch10/效果/制作音乐播放器广告.psd。

图 10-99

Step 01　按 Ctrl+O 组合键，打开光盘中的"Ch10 > 素材 > 制作音乐播放器广告 > 01、02"文件，将 02 图形拖曳到 01 图像窗口中，效果如图 10-100 所示，在"图层"控制面板中生成新的图层并将其命名为"形状"。

Step 02　选择"横排文字"工具 T.，在属性栏中选择合适的字体并设置文字大小，分别输入需要的白色文字，分别调整文字的间距和角度，效果如图 10-101 所示，在"图层"控制面板中分别生成新的文字图层。

图 10-100　　　　　　　　　　　　图 10-101

Step 03　选择"横排文字"工具 T.，在图像窗口中选取文字"我的音乐"，单击属性栏中的"创建文字变形"按钮 工.，在弹出的对话框中进行设置，如图 10-102 所示，单击"确定"按钮，效果如图 10-103 所示。

图 10-102　　　　　　　　　　　　图 10-103

Step 04　单击"图层"控制面板下方的"添加图层样式"按钮 fx.，在弹出的菜单中选择"斜面和浮雕"命令，在弹出的对话框中进行设置，如图 10-104 所示，单击"确定"按钮，效果如图 10-105 所示。

图 10-104　　　　　　　　　　　　图 10-105

Step 05 单击"图层"控制面板下方的"添加图层样式"按钮 _fx.,_ 在弹出的菜单中选择"描边"命令，弹出对话框，将描边颜色设为灰色（其 R、G、B 的值分别为 161、161、161），其他选项的设置如图 10-106 所示，单击"确定"按钮，效果如图 10-107 所示。

图 10-106 图 10-107

Step 06 在"我的音乐"文字层上单击鼠标右键，在弹出的菜单中选择"拷贝图层样式"命令，分别在"我"和"做主"文字层上单击右键，在弹出的菜单中选择"粘贴图层样式"命令，图层面板如图 10-108 所示，图像效果如图 10-109 所示。

图 10-108 图 10-109

Step 07 选择"横排文字"工具 T.，在图像窗口中选取文字"我"，单击属性栏中的"创建文字变形"按钮 _1_，弹出对话框，选项的设置如图 10-110 所示，单击"确定"按钮，效果如图 10-111 所示。

图 10-110 图 10-111

Step 08 选择"横排文字"工具 T.，在图像窗口中选取文字"做主!"，单击属性栏中的"创建文字变形"按钮 _1_，弹出对话框，选项的设置如图 10-112 所示，单击"确定"按钮，效果如图 10-113 所示。

图 10-112 图 10-113

Step 09 按 Ctrl + O 组合键，打开光盘中的"Ch10 > 素材 > 制作音乐播放器广告 > 03"文件。选择"移动"工具 ，拖曳图形到图像窗口中，如图 10-114 所示，在"图层"控制面板中生成新的图层并将其命名为"装饰图形"。音乐播放器广告制作完成，如图 10-115 所示。

　　　　图 10-114　　　　　　　　　图 10-115

10.2.2　制作扭曲变形文字

　　可以根据需要对文字进行各种变形。在图像中输入文字，如图 10-116 所示，单击文字工具属性栏中的"创建文字变形"按钮 ，弹出"变形文字"对话框，如图 10-117 所示，在"样式"选项的下拉列表中包含多种文字的变形效果，如图 10-118 所示。

　　　图 10-116　　　　　　　　　图 10-117　　　　　　　　图 10-118

文字的多种变形效果，如图 10-119 所示。

　　　扇形　　　　　　　　下弧　　　　　　　　上弧　　　　　　　拱形

　　　凸起　　　　　　　　贝壳　　　　　　　　花冠　　　　　　　旗帜

图 10-119

波浪   鱼形   增加   鱼眼

膨胀   挤压   扭转

图 10-119（续）

10.2.3　设置变形选项

如果要修改文字的变形效果，可以调出"变形文字"对话框，在对话框中重新设置样式或更改当前应用样式的数值。

10.2.4　取消文字变形效果

如果要取消文字的变形效果，可以调出"变形文字"对话框，在"样式"选项的下拉列表中选择"无"。

10.3　在路径上创建并编辑文字

Photoshop CS4 提供了新的文字排列方法，可以像在 Illustrator 中一样把文本沿着路径放置，Phototshop CS4 中沿着路径排列的文字还可以在 Illustrator 中直接编辑。

10.3.1　课堂案例——制作音乐卡片

案例学习目标：学习使用创建变形文字命令制作变形文字。

案例知识要点：使用文字工具输入文字，使用创建变形文字命令制作变形文字，使用添加图层样式命令为文字添加投影、渐变叠加和描边效果，如图 10-120 所示。

效果所在位置：光盘/Ch10/效果/制作音乐卡片.psd。

图 10-120

1. 制作背景效果

`Step 01` 按 Ctrl+O 组合键，打开光盘中的"Ch10 > 素材 > 制作音乐卡片 > 01、02、03"文件，选择"移动"工具 ，分别将 02、03 素材图片拖曳到 01 图像窗口的适当位置，效果如图 10-121 所示，在"图层"控制面板中生成新的图层并分别将其命名为"手机"、"音符"。在控制面板上方，将"音符"图层的混合模式选项设为"滤色"，效果如图 10-122 所示。

图 10-121　　　　　　　　　　　　　　　　　图 10-122

`Step 02` 选择"横排文字"工具 ，在属性栏中选择合适的字体并设置大小，在窗口中适当的位置输入需要的白色文字，如图 10-123 所示，在"图层"控制面板中生成新的文字图层。在控制面板上方，将该图层的"不透明度"选项设为 70%，"填充"选项为 0。

图 10-123

`Step 03` 单击"图层"控制面板下方的"添加图层样式"按钮 ，在弹出的菜单中选择"描边"命令，弹出对话框，将描边颜色设为白色，其他选项的设置如图 10-124 所示，单击"确定"按钮，效果如图 10-125 所示。

图 10-124　　　　　　　　　　　　　　　　　图 10-125

2. 制作变形文字效果

`Step 01` 选择"横排文字"工具 ，在属性栏中选择合适的字体并设置大小，在适当位置输入需要的白色文字，并旋转到适当的角度，如图 10-126 所示，在"图层"控制面板中生成新的图层。

图 10-126

Step 02 单击文字工具属性栏中的"创建变形文本"按钮 ，在弹出的对话框中进行设置，如图 10-127 所示，单击"确定"按钮，效果如图 10-128 所示。

图 10-127　　　　　　　　　　　　　　　　图 10-128

Step 03 单击"图层"控制面板下方的"添加图层样式"按钮 _fx_，在弹出的菜单中选择"投影"命令，弹出对话框，将阴影颜色设为黑色，其他选项的设置如图 10-129 所示。选择"渐变叠加"选项，切换到相应的对话框，单击"点按可编辑渐变"按钮 ，弹出"渐变编辑器"对话框，在"位置"选项中分别输入 0、50、100 三个位置点，分别设置三个位置点颜色的 RGB 值为：0（10、0、178）、50（255、0、0）、100（255、252、0），如图 10-130 所示，单击"确定"按钮，返回"渐变叠加"对话框，其他选项的设置如图 10-131 所示。选择"描边"选项，切换到相应的对话框，将描边颜色设为白色，其他选项的设置如图 10-132 所示，单击"确定"按钮，文字效果如图 10-133 所示。

图 10-129　　　　　　　　　　　　　　　　图 10-130

图 10-131　　　　　　　　　图 10-132　　　　　　　　　图 10-133

Step 04 使用相同的方法制作其余文字效果，并为文字添加图层样式，效果如图 10-134 所示，在"图层"控制面板生成新的文字图层。音乐卡片制作完成，效果如图 10-135 所示。

图 10-134　　　　　　　　　　　　　　　　　　图 10-135

10.3.2　在路径上创建文字

选择"钢笔"工具 ◊，在图像中绘制一条路径，如图 10-136 所示。选择"横排文字"工具 T，将鼠标放在路径上，鼠标光标变为 ↓ 图标，如图 10-137 所示，单击路径出现闪烁的光标，此处为输入文字的起始点。输入的文字会沿着路径的形状进行排列，效果如图 10-138 所示。

文字输入完成后，在"路径"控制面板中会自动生成文字路径层，如图 10-139 所示。取消"视图/显示额外内容"命令的选中状态，可以隐藏文字路径，如图 10-140 所示。

图 10-136　　　　　图 10-137　　　　　图 10-138　　　　　图 10-139　　　　　图 10-140

> **提示：**"路径"控制面板中的文字路径层与"图层"控制面板中相对的文字图层是相链接的，删除文字图层时，文字的路径层会自动被删除，删除其他工作路径不会对文字的排列有影响。如果要修改文字的排列形状，需要对文字路径进行修改。

10.3.3　在路径上移动文字

选择"路径选择"工具 ▶，将光标放置在文字上，光标显示为 ▶ 图标，如图 10-141 所示，单击并沿着路径拖曳鼠标，可以移动文字，效果如图 10-142 所示。

图 10-141　　　　　图 10-142

10.3.4　在路径上翻动文字

选择"路径选择"工具 ▶，将光标放置在文字上，光标显示为 ▶ 图标，如图 10-143 所示，将文字向路径内部拖曳，可以沿路径翻转文字，效果如图 10-144 所示。

10.3.5　修改路径绕排文字的形态

创建了路径绕排文字后，同样可以编辑文字绕排的路径。选择"直接选择"工具 ▶，在路径上单击，路径上显示出控制手柄，拖曳控制手柄修改路径的形状，如图 10-145 所示，文字会按照修改后的路径进行排列，效果如图 10-146 所示。

图 10-143   图 10-144   图 10-145   图 10-146

10.4 课堂练习——制作电磁炉广告

练习知识要点：使用定义图案命令和图案填充命令制作背景图像，使用钢笔工具和画笔工具绘投影装饰图形，使用横排文字工具和图层样式命令制作产品名称，使用椭圆工具、画笔工具和创建文字变形命令制作宣传语，使用自定形状工具绘制标志图形，效果如图 10-147 所示。

效果所在位置：光盘/Ch10/效果/制作电磁炉广告.psd。

图 10-147

10.5 课后习题——制作啤酒招贴

习题知识要点：使用添加图层蒙版命令和图层的混合模式制作背景图，使用横排文字工具和创建文字变形命令制作宣传语，使用添加图层样式命令制作特殊文字效果，使用圆角矩形工具、画笔工具和橡皮擦工具制作展示边框，效果如图 10-148 所示。

效果所在位置：光盘/Ch10/效果/制作啤酒招贴.psd。

图 10-148

第11章

通道的应用

本章将主要介绍通道的分类、通道的基本操作以及计算通道，通过多个实际应用案例进一步讲解通道命令的操作方法。通过本章的学习，能够快速地掌握知识要点，能够合理地利用通道设计制作作品。

【教学目标】

- 通道的操作。
- 通道的运算。

11.1 通道的应用

图层混合模式在图像处理及效果制作中被广泛应用，特别是在多个图像合成方面更有其独特的作用及灵活性。

11.1.1 课堂案例——制作儿童照片模板

案例学习目标：学习使用通道面板和色阶命令抠出图像。

案例知识要点：使用通道面板和色阶命令调整图片的颜色，使用魔棒工具和反选命令绘制选区抠出人物图片，使用移动工具添加需要的图片和文字，效果如图 11-1 所示。

效果所在位置：光盘/Ch11/效果/制作儿童照片模板.psd。

图 11-1

Step 01 按 Ctrl+O 组合键，打开光盘中的"Ch11 > 素材 > 制作儿童照片模板 > 01、02"文件，图像效果如图 11-2 和图 11-3 所示。

图 11-2

图 11-3

Step 02 选择"移动"工具 ，将 02 文件拖曳至 01 文件的适当位置，在"图层"控制面板中生成新的图层并将其命名为"宝宝"。按 Ctrl+T 组合键，图像周围出现变换框，按住 Alt+Shift 组合键的同时，向内拖曳控制手柄，等比例缩小图像，按 Enter 键确认操作，效果如图 11-4 所示。按 Ctrl + O 组合键，打开光盘中的"Ch11 > 素材 > 制作儿童照片模板 > 03"文件，图像效果如图 11-5 所示。

图 11-4

图 11-5

Step 03 选择"通道"控制面板，选中"蓝"通道，如图 11-6 所示，图像效果如图 11-7 所示。

将"蓝"通道拖曳到控制面板下方的"创建新通道"按钮 上进行复制，生成新的通道"蓝 副本"。选择菜单"图像 > 调整 > 色阶"命令，在弹出的对话框中进行设置，如图 11-8 所示，单击"确定"按钮，效果如图 11-9 所示。

图 11-6　　　　　图 11-7　　　　　　　　图 11-8　　　　　　　　图 11-9

Step 04 选择"魔棒"工具 ，在属性栏中将"容差"选项设为 0，勾选"连续"选项，按住 Shift 键的同时，在需要的位置单击生成选区，如图 11-10 所示。按 Ctrl+Shift+I 组合键，将选区反选，如图 11-11 所示。单击"RGB"通道，返回"图层"控制面板，如图 11-12 所示。按 Ctrl+J 组合键，将选区中的图像复制到新的图层中，如图 11-13 所示。

图 11-10　　　　图 11-11　　　　图 11-12　　　　　　图 11-13

Step 05 在"图层"控制面板中，单击"背景"图层左侧的眼睛图标 ，隐藏图层，图像效果如图 11-14 所示。选择"移动"工具，将人物图像拖曳到 01 文件的适当位置，并调整其大小，如图 11-15 所示，在"图层"控制面板中生成新图层并将其命名为"宝宝 2"。

图 11-14　　　　　　图 11-15

Step 06 按 Ctrl+O 组合键，打开光盘中的"Ch11 > 素材 > 制作儿童照片模板 > 04"文件，选择"移动"工具，拖曳图片到适当的位置，并调整其大小，如图 11-16 所示。在"图层"控制面板中生成新的图层并将其命名为"文字"。

Step 07 按 Ctrl+O 组合键，打开光盘中的"Ch11 > 素材 > 制作儿童照片模板 > 05"文件，选择"移动"工具，拖曳图片到适当的位置，并调整其大小，在"图层"控制面板中生成新的图层并将其命名为"天使"。儿童照片模板制作完成，效果如图 11-17 所示。

图 11-16   图 11-17

11.1.2　通道控制面板

选择菜单"窗口 > 通道"命令，弹出"通道"控制面板，如图 11-18 所示。

图 11-18

在"通道"控制面板中，放置区用于存放当前图像中存在的所有通道。在通道放置区中，如果选中的只是其中的一个通道，则只有这个通道处于选中状态，通道上将出现一个深色条。如果想选中多个通道，可以按住 Shift 键，再单击其他通道。通道左侧的眼睛图标用于显示或隐藏颜色通道。在"通道"控制面板的底部有 4 个工具按钮，如图 11-19 所示。

图 11-19

将通道作为选区载入：用于将通道作为选择区域调出。将选区存储为通道：用于将选择区域存入通道中。创建新通道：用于创建或复制新的通道。删除当前通道：用于删除图像中的通道。

11.1.3　创建新通道

在编辑图像的过程中，可以建立新的通道。

使用控制面板弹出式菜单：单击"通道"控制面板右上方的图标，弹出其命令菜单，选择"新建通道"命令，弹出"新建通道"对话框，如图 11-20 所示，单击"确定"按钮，"通道"控制面板中将创建一个新通道，即 Alpha 1，效果如图 11-21 所示。

图 11-20   图 11-21

用控制面板按钮：单击"通道"控制面板下方的"创建新通道"按钮，可以创建一个新通道。

11.1.4　复制通道

复制通道命令用于将现有的通道进行复制，产生相同属性的多个通道。

使用控制面板弹出式菜单：单击"通道"控制面板右上方的图标 ，弹出其命令菜单，选择"复制通道"命令，弹出"复制通道"对话框，如图 11-22 所示。

图 11-22

为：用于设置复制出的新通道的名称。文档：用于设置复制通道的文件来源。

使用控制面板按钮：将"通道"控制面板中需要复制的通道拖曳到下方的"创建新通道"按钮
 上，即可将所选的通道复制为一个新的通道。

11.1.5　删除通道

不用的或废弃的通道可以将其删除，以免影响操作。

使用控制面板弹出式菜单：单击"通道"控制面板右上方的图标 ，弹出其命令菜单，选择"删除通道"命令，即可将通道删除。

使用控制面板按钮：单击"通道"控制面板下方的"删除当前通道"按钮 ，弹出提示对话框，如图 11-23 所示，单击"是"按钮，将通道删除。也可将需要删除的通道直接拖曳到"删除当前通道"按钮 上进行删除。

图 11-23

11.1.6　通道选项

通道选项命令用于设置 Alpha 通道。单击"通道"控制面板右上方的图标 ，弹出其下拉命令菜单，选择"通道选项"命令，弹出"通道选项"对话框，如图 11-24 所示。

名称：用于命名通道名称。色彩指示：用于设置通道中蒙版的显示方式。被蒙版区域：表示蒙版区为深色显示、非蒙版区为透明显示。所选区域：表示蒙版区为透明显示、非蒙版区为深色显示。专色：表示以专色显示。颜色：用于设置填充蒙版的颜色。不透明度：用于设置蒙版的不透明度。

图 11-24

11.1.7　课堂案例——制作调色刀特效

案例学习目标：学习使用分离通道和合并通道命令制作图像效果。

案例知识要点：使用分离通道、合并通道命令制作图像效果，使用调色刀滤镜命令制作图片特殊效果，如图 11-25 所示。

效果所在位置：光盘/Ch11/效果/制作调色刀特效.psd。

Step 01　按 Ctrl+O 组合键，打开光盘中的"Ch11 > 素材 > 制

图 11-25

作调色刀特效 ＞ 01"文件，图像效果如图 11-26 所示。选择"通道"控制面板，如图 11-27 所示。

图 11-26   图 11-27

Step 02 单击"通道"控制面板右上方的图标 ，在弹出的菜单中选择"分离通道"命令，将图像分离成"R"、"G"、"B" 3 个通道文件，效果如图 11-28 所示。

Step 03 选择通道文件"G"，如图 11-29 所示，选择菜单"滤镜 ＞ 艺术效果 ＞ 调色刀"命令，在弹出的对话框中进行设置，如图 11-30 所示，单击"确定"按钮，效果如图 11-31 所示。

图 11-28   图 11-29

图 11-30   图 11-31

Step 04 单击"通道"控制面板右上方的图标 ，在弹出的菜单中选择"合并通道"选项，在弹出的对话框中进行设置，如图 11-32 所示，单击"确定"按钮，弹出"合并 RGB 通道"对话框，如图 11-33 所示，单击"确定"按钮。

Step 05 按 Ctrl+O 组合键，打开光盘中的"Ch11 ＞ 素材 ＞ 制作调色刀特效 ＞ 02"文件，选择"移动"工具 ，拖曳其到 01 文件中适当的位置并调整其大小，如图 11-34 所示，在"图层"控制面板中生成新的图层并将其命名为"文字"，调色刀特效制作完成，效果如图 11-35 所示。

图 11-32　　　　　　　　　　　　　　　图 11-33

图 11-34　　　　　　　　　　　　　　　图 11-35

11.1.8　专色通道

专色通道是指定用于专色油墨印刷的附加印版。

增加专色通道：单击"通道"控制面板右上方的图标▾☰，弹出其命令菜单，选择"新建专色通道"命令，弹出"新建专色通道"对话框，如图 11-36 所示。

图 11-36

编辑专色通道：单击"通道"控制面板中新建的专色通道，选择"画笔"工具 ✐，在"画笔"控制面板中进行设置，如图 11-37 所示，在图像中进行绘制，如图 11-38 所示，"通道"控制面板中的效果如图 11-39 所示。

图 11-37　　　　　　　　　　图 11-38　　　　　　　　　　图 11-39

> ⓘ 提示：前景色为黑色，绘制时的特别色是不透明的；前景色为其他中间色，绘制时的特别色是不同透明度的颜色；前景色为白色，绘制时的特别色是透明的。

11.1.9　分离与合并通道

单击"通道"控制面板右上方的图标▾☰，弹出其下拉命令菜单，在弹出式菜单中选择"分离通道"命令，将图像中的每个通道分离成各自独立的 8bit 灰度图像。图像原始效果如图 11-40 所示，分离后的效果如图 11-41 所示。

图 11-40　　　　　　　　　　　图 11-41

单击"通道"面板右上方的图标，弹出其命令菜单，选择"合并通道"命令，弹出"合并通道"对话框，如图 11-42 所示，设置完成后单击"确定"按钮，弹出"合并 RGB 通道"对话框，如图 11-43 所示，可以在选定的色彩模式中为每个通道指定一幅灰度图像，被指定的图像可以是同一幅图像，也可以是不同的图像，但这些图像的大小必须是相同的。在合并之前，所有要合并的图像都必须是打开的，尺寸要保持一致，且为灰度图像，单击"确定"按钮，效果如图 11-44 所示。

图 11-42　　　　　　　　　图 11-43　　　　　　　　　图 11-44

11.2 通道运算

应用图像命令可以计算处理通道内的图像，使图像混合产生特殊效果。计算命令同样可以计算处理两个通道中的相应内容，但主要用于合成单个通道的内容。

案例学习目标：学习使用计算和应用图像命令调整图像颜色。

案例知识要点：使用计算、应用图像命令调整图像色调，如图 11-45 所示。

效果所在位置：光盘/Ch11/效果/调整图像色调.psd。

Step 01　按 Ctrl+O 组合键，打开光盘中的"Ch11 > 素材 > 调整图像色调 > 01"文件，图像效果如图 11-46 所示。

Step 02　选择菜单"图像 > 计算"命令，弹出对话框，将混合模式选项设为"线性光"，其他选项的设置如图 11-47 所示，单击"确定"

图 11-45

按钮，图像效果如图 11-48 所示。在"通道"控制面板中生成新通道"Alpha1"，如图 11-49 所示。

图 11-46　　　　　　　　　　　　　　图 11-47

图 11-48　　　　　　　　　　　　　　图 11-49

Step 03 单击"RGB"通道，返回"图层"控制面板。选择菜单"图像 > 应用图像"命令，在弹出的对话框中进行设置，如图 11-50 所示，单击"确定"按钮，效果如图 11-51 所示。图像色调调整完成。

图 11-50　　　　　　　　　　　　　　图 11-51

11.2.2　应用图像

选择菜单"图像 > 应用图像"命令，弹出"应用图像"对话框，如图 11-52 所示。

图 11-52

⓵ 提示: 应用图像命令要求文件与目标文件的大小必须相同，因为参加计算的两个通道内的像素是一一对应的。

　　打开两幅图像，选择菜单"图像 > 图像大小"命令，弹出"图像大小"对话框，设置后，单击"确定"按钮，分别将两幅图像设置为相同的尺寸，效果如图 11-53、图 11-54 所示。

图 11-53　　　　　　　　　　　　　　　　图 11-54

　　在两幅图像的"通道"控制面板中分别建立通道蒙版，其中黑色表示遮住的区域，如图 11-55、图 11-56 所示。

　　选中 03 图像，选择菜单"图像 > 应用图像"命令，弹出"应用图像"对话框，设置完成后如图 11-57 所示，单击"确定"按钮，两幅图像混合后的效果如图 11-58 所示。

图 11-55　　　　　　　　　　　　　　　　图 11-56

图 11-57　　　　　　　　　　　　　　　　图 11-58

　　在"应用图像"对话框中勾选"蒙版"复选框，显示出蒙版的相关选项，勾选"反相"复选框，设置其他选项，设置完成后如图 11-59 所示，单击"确定"按钮，两幅图像混合后的效果如图 11-60 所示。

图 11-59

图 11-60

11.2.3　运算

选择菜单"图像 > 计算"命令，弹出"计算"对话框，如图 11-61 所示。

源 1：用于选择源文件 1。图层：用于选择源文件 1 中的层。通道：用于选择源文件 1 中的通道。反相：用于反转。源 2：用于选择源文件 2 的相应信息。混合：用于选择混色模式。不透明度：用于设定不透明度。结果：用于指定处理结果的存放位置。

"计算"命令尽管与"应用图像"命令一样都是对两个通道的相应内容进行计算处理的命令，但是二者也有区别。用"应用图像"命令处理后的结果可作为源文件或目标文件使用，而用"计算"命令处理后的结果则存成一个通道，如存成 Alpha 通道，使其可转变为选区以供其他工具使用。

选择菜单"图像 > 计算"命令，弹出"计算"对话框，如图 11-62 所示进行设置，单击"确定"按钮，两张图像通道运算后的新通道效果如图 11-63 和图 11-64 所示。

图 11-61

图 11-62

图 11-63

图 11-64

11.3 课堂练习——制作艺术边框特效

练习知识要点：使用画笔工具和创建剪贴蒙版命令制作背景照片的艺术边框，使用矩形选框工具、文字工具和栅格化命令制作装饰文字，使用通道面板和撕边滤镜制作文字特效，使用横排文字工具添加其他宣传语，效果如图 11-65 所示。

效果所在位置：光盘/Ch11/效果/制作艺术边框特效.psd

图 11-65

11.4 课后习题——制作汉堡宣传单

习题知识要点：使用渐变工具、选框工具和羽化命令绘制背景效果，使用通道面板、钢笔工具和彩色半调命令制作装饰底图，使用外发光命令和画笔工具制作发光效果，使用椭圆工具、文字工具和图层样式命令添加广告语和宣传文字，效果如图 11-66 所示。

效果所在位置：光盘/Ch11/效果/制作汉堡宣传单.psd。

图 11-66

第12章 蒙版的使用

本章将主要讲解图层的蒙版以及蒙版的使用方法，包括快速蒙版、剪贴蒙版、通道蒙版的应用技巧。通过本章的学习，可以快速地掌握蒙版的使用技巧，制作出独特的图像效果。

【教学目标】

- 图层蒙板。
- 剪贴蒙板与矢量蒙板。
- 通道蒙板。

12.1 图层蒙板

在编辑图像时可以为某一图层或多个图层添加蒙版，并对添加的蒙版进行编辑、隐藏、链接、删除等操作。

案例学习目标：学习使用图层蒙版制作边框。

案例知识要点：使用渐变工具制作图像背景效果，使用添加图层蒙版命令为图层添加蒙版，使用图层的混合模式命令调整图像的显示效果，如图 12-1 所示。

效果所在位置：光盘/Ch12/效果/制作房地产宣传单.psd。

1. 制作背景图片

Step 01 按 Ctrl+N 组合键，新建一个文件，宽度为 21cm，高度为 30cm，分辨率为 200 像素/英寸，颜色模式为 RGB，背景内容为白色，单击"确定"按钮。

图 12-1

Step 02 选择"渐变"工具 █，单击属性栏中的"点按可编辑渐变"按钮 �0 ▼，弹出"渐变编辑器"对话框，在"位置"选项中分别设置 0、31、96 三个位置点，分别设置三个位置点的 RGB 值为：0（0、119、187），31（0、119、187），96（0、78、119），如图 12-2 所示，单击"确定"按钮。选中属性栏中的"线性渐变"按钮 ▓，按住 Shift 键的同时在图像窗口中从左至右拖曳渐变色，效果如图 12-3 所示。

图 12-2   图 12-3

Step 03 按 Ctrl+O 组合键，打开光盘中的"Ch12 > 素材 > 制作房地产宣传单 > 01"文件，选择"移动"工具 ▸╋，将图像拖曳到图像窗口的适当位置，如图 12-4 所示，在"图层"控制面板中生成新的图层并将其命名为"海"。

Step 04 单击"图层"控制面板下方的"添加图层蒙版"按钮 ▣，为图层添加蒙版。将前景色设为黑色。选择"画笔"工具 ✎，在属性栏中单击"画笔"选项右侧的按钮·，弹出画笔选择面板，选择需要的画笔形状，如图 12-5 所示。在图像窗口拖曳鼠标擦除图像，效果如图 12-6 所示。

图 12-4　　　　　　　　　　　图 12-5　　　　　　　　　　　图 12-6

Step 05　按 Ctrl+O 组合键，打开光盘中的"Ch12 > 素材 > 制作房地产宣传单 > 02"文件，选择"移动"工具 ，将图片拖曳到图像窗口的适当位置，并调整其大小，效果如图 12-7 所示，在"图层"控制面板中生成新的图层并将其命名为"群山"。在控制面板上方，将该图层的混合模式设为"正片叠底"，图像效果如图 12-8 所示。

图 12-7　　　　　　　　　　图 12-8

Step 06　新建图层并将其命名为"图形"。将前景色设为浅蓝色（其 R、G、B 的值分别为 161、225、217）。选择"椭圆选框"工具 ，按住 Shift 键的同时，绘制一个圆形选区，如图 12-9 所示。选择菜单"选择 > 调整 > 羽化"命令，在弹出的对话框中进行设置，如图 12-10 所示，单击"确定"按钮。按 Alt+Delete 组合键，用前景色填充选区，如图 12-11 所示。按 Ctrl+D 组合键，取消选区。在"图层"控制面板上方，将该图层的"不透明度"选项设为 60%，效果如图 12-12 所示。

图 12-9　　　　　　　　图 12-10　　　　　　　　图 12-11　　　　　　　　图 12-12

2. 添加宣传主体和文字图形

Step 01　按 Ctrl+O 组合键，打开光盘中的"Ch12 > 素材 > 制作房地产宣传单 > 03、04"文件，选择"移动"工具 ，分别将图片拖曳到图像窗口中，并调整其大小和位置，效果如图 12-13 所示，在"图层"控制面板中生成新的图层并将其命名为"海螺"、"照片"。使用相同的方法为"照片"图层添加蒙版并擦除不需要的图像，效果如图 12-14 所示。

图 12-13   图 12-14

Step 02 按 Ctrl+O 组合键，打开光盘中的"Ch12 > 素材 > 制作房地产宣传单 > 05"文件，选择"移动"工具，将图片拖曳到图像窗口的适当位置，并调整其大小，效果如图 12-15 所示，在"图层"控制面板中生成新的图层并将其命名为"楼房"。使用相同的方法为"楼房"图层添加蒙版并擦除不需要的图像，效果如图 12-16 所示。

图 12-15   图 12-16

Step 03 选择"横排文字"工具 T，分别在属性栏中选择合适的字体并设置适当的文字大小，在图像窗口中分别输入需要的文字，并分别将其填充为白色、浅黄色（其 R、G、B 的值分别为 231、297、147）和淡黄色（其 RGB 的值分别为 219、197、138），如图 12-17 所示，在"图层"控制面板中分别生成新的文字图层。

Step 04 按 Ctrl+O 组合键，打开光盘中的"Ch12 > 素材 > 制作房地产宣传单 > 06"文件，选择"移动"工具，将图片拖曳到图像窗口的适当位置，并调整其大小，如图 12-18 所示，在"图层"控制面板中生成新的图层并将其命名为"装饰图形"。房地产宣传单制作完成。

图 12-17   图 12-18

12.1.2 添加图层蒙版

使用控制面板按钮或快捷键：单击"图层"控制面板下方的"添加图层蒙版"按钮 ，可以创建一个图层的蒙版，如图 12-19 所示。按住 Alt 键，单击"图层"控制面板下方的"添加图层蒙版"按钮 ，可以创建一个遮盖图层全部的蒙版，如图 12-20 所示。

图 12-19　　　　　　　　　图 12-20

使用菜单命令：选择菜单"图层 > 图层蒙版 > 显示全部"命令，效果如图 12-19 所示。选择菜单"图层 > 图层蒙版 > 隐藏全部"命令，效果如图 12-20 所示。

12.1.3　隐藏图层蒙版

按住 Alt 键的同时，单击图层蒙版缩览图，图像窗口中的图像将被隐藏，只显示蒙版缩览图中的效果，如图 12-21 所示，"图层"控制面板中的效果如图 12-22 所示。按住 Alt 键，再次单击图层蒙版缩览图，将恢复图像窗口中的图像效果。按住 Alt+Shift 组合键的同时，单击图层蒙版缩览图，将同时显示图像和图层蒙版的内容。

图 12-21　　　　　　　　　图 12-22

12.1.4　图层蒙版的链接

在"图层"控制面板中图层缩览图与图层蒙版缩览图之间存在链接图标 ，当图层图像与蒙版关联时，移动图像时蒙版会同步移动，单击链接图标 ，将不显示此图标，可以分别对图像与蒙版进行操作。

12.1.5　应用及删除图层蒙版

在"通道"控制面板中，双击"向日葵蒙版"通道，弹出"图层蒙版显示选项"对话框，如图 12-23 所示，可以对蒙版的颜色和不透明度进行设置。

选择菜单"图层 > 图层蒙版 > 停用"命令，或按住 Shift 键的同时，单击"图层"控制面板中的图层蒙版缩览图，图层蒙版被停用，如图 12-24 所示，图像将全部显示，效果如图 12-25 所示。按住 Shift 键，再次单击图层蒙版缩览图，将恢复图层蒙版效果。

图 12-23　　　　　　　　　　　　图 12-24　　　　　　　　　　　图 12-25

选择菜单"图层 > 图层蒙版 > 删除"命令，或在图层蒙版缩览图上单击鼠标右键，在弹出的下拉菜单中选择"删除图层蒙版"命令，可以将图层蒙版删除。

12.2 剪贴蒙板与矢量蒙板

应用剪贴蒙版和矢量蒙版可以用遮盖的方式使图像产生特殊的效果。

12.2.1　课堂案例——制作茶文化宣传卡

图 12-26

■　案例学习目标：学习使用剪贴蒙版命令制作图片蒙版效果。

案例知识要点：使用圆角矩形工具、矩形选框工具、投影命令制作宣传卡底图，使用创建剪贴蒙版命令制作图片的蒙版效果，使用蒙版命令和画笔工具擦除茶壶图片不需要的图像，效果如图 12-26 所示。

效果所在位置：光盘/Ch12/效果/制作茶文化宣传卡.psd。

1. 制作背景图形

Step 01　按 Ctrl+N 组合键，新建一个文件：宽度为 10cm，高度为 7cm，分辨率为 200 像素/英寸，颜色模式为 RGB，背景内容为白色，单击"确定"按钮。

Step 02　新建图层并将其命名为"图形 1"。将前景色设为白色。选择"圆角矩形"工具 ▢，选中属性栏中的"填充像素"按钮 ▢，将"圆角半径"选项设为 105px，拖曳鼠标绘制一个圆角矩形，单击"背景"图层左侧的眼睛图标 ◉，将"背景"图层隐藏，效果如图 12-27 所示。选择"矩形选框"工具 ▢，绘制一个矩形选区，如图 12-28 所示。按 Ctrl+X 组合键，剪切选区中的图像。

图 12-27　　　　　　　　　　　　　　　图 12-28

Step 03　新建图层并将其命名为"图形 2"，按 Ctrl+V 组合键，将选区中的图像粘贴到"图层 2"

中，如图 12-29 所示。选择"移动"工具 ，在"图层"控制面板中选取"图形 1"和"图形 2"图层，单击属性栏中的"底对齐"按钮 ，将其两个图形对齐，并调整到适当的位置，效果如图 12-30 所示。

图 12-29　　　　　　　　　　　　　　　　图 12-30

Step 04　将前景色设为橘黄色（其 R、G、B 的值分别为 243、170、19）。按住 Ctrl 键的同时，单击"图形 2"图层的缩览图，在图形周围生成选区，如图 12-31 所示。按 Alt+Delete 组合键，用前景色填充选区。按 Ctrl+D 组合键，取消选区，效果如图 12-32 所示。

图 12-31　　　　　　　　　　　　　　　　图 12-32

Step 05　显示"背景"图层。选中"图形 1"图层。单击控制面板下方的"添加图层样式"按钮 ，在弹出的菜单中选择"投影"命令，在弹出的对话框中进行设置，如图 12-33 所示。单击"确定"按钮，效果如图 12-34 所示。按住 Alt 键的同时，在"图层"控制面板中，将"图形 1"图层的图层样式拖曳至"图形 2"图层上，复制图层样式，效果如图 12-35 所示。

图 12-33　　　　　　　　　图 12-34　　　　　　　　图 12-35

2．添加图片和文字

Step 01　按 Ctrl+O 组合键，打开光盘中的"Ch12 > 素材 > 制作茶文化宣传卡 > 01"文件，选择"移动"工具 ，将图片拖曳到图像窗口的适当位置，并调整其大小，效果如图 12-36 所示，在"图层"控制面板中生成新的图层并将其命名为"图片"。

Step 02　按住 Alt 键的同时，将鼠标光标放在"图片"图层和"图形 1"图层的中间，鼠标光标

变为 ，如图 12-37 所示，单击鼠标左键，创建剪贴蒙版，效果如图 12-38 所示。

图 12-36　　　　　　　　　　图 12-37　　　　　　　　　　图 12-38

Step 03 按 Ctrl+O 组合键，打开光盘中的"Ch12 > 素材 > 制作茶文化宣传卡 > 02、03"文件，选择"移动"工具，分别将图片拖曳到图像窗口的适当位置，并调整其大小，效果如图 12-39 所示，在"图层"控制面板中生成新的图层并将其命名为"印章 文字"、"茶壶"。

Step 04 单击"图层"控制面板下方的"添加图层蒙版"按钮 ，为"茶壶"图层添加蒙版。将前景色设为黑色。选择"画笔"工具 ，在属性栏中单击"画笔"选项右侧的按钮，弹出画笔选择面板，在面板中选择需要的画笔形状，如图 12-40 所示。在图像窗口拖曳鼠标擦除多余图像，效果如图 12-41 所示。茶文化宣传卡制作完成。

图 12-39　　　　　　　　　　图 12-40　　　　　　　　　　图 12-41

12.2.2　剪贴蒙版

创建剪贴蒙版：打开一幅图片，如图 12-42 所示，"图层"控制面板中的效果如图 12-43 所示，按住 Alt 键的同时，将鼠标放置到"图层 1"和"图层 2"的中间位置，鼠标光标变为 ，如图 12-44 所示。

图 12-42　　　　　　　　　　图 12-43　　　　　　　　　　图 12-44

单击鼠标，制作图层的剪贴蒙版，如图 12-45 所示，图像窗口中的效果如图 12-46 所示。用"移动"工具 可以随时移动"图层 2"中的人物图像，效果如图 12-47 所示。

图 12-45　　　　　　　　　图 12-46　　　　　　　　　图 12-47

取消剪贴蒙版：如果要取消剪贴蒙版，可以选中剪贴蒙版组中上方的图层，选择菜单"图层 > 释放剪贴蒙版"命令，或按 Alt+Ctrl+G 组合键即可删除。

12.2.3　课堂案例——制作老年照片模板

案例学习目标：学习使用绘图工具绘制矢量图形，应用创建剪贴蒙版命令制作遮照效果。

案例知识要点：使用图层的混合模式制作背景图片效果，使用直线工具绘制画框，使用矩形工具、图层样式命令和剪贴蒙版命令制作图片的展示效果，使用文本工具添加照片主题，效果如图 12-48 所示。

效果所在位置：光盘/Ch12/效果/制作老年照片模板.psd。

图 12-48

1. 制作背景图片

Step 01 按 Ctrl+N 组合键，新建一个文件：宽度为 30cm，高度为 21cm，分辨率为 200 像素/英寸，颜色模式为 RGB，背景内容为白色，单击"确定"按钮。将前景色设为黄色（其 R、G、B 的值分别为 243、213、132），按 Alt+Delete 组合键，用前景色填充背景图层，如图 12-49 所示。

Step 02 按 Ctrl+O 组合键，打开光盘中的"Ch12 > 素材 > 制作老年照片模板 > 01"文件，选择"移动"工具 ，将人物图片拖曳到图像窗口中，效果如图 12-50 所示，在"图层"控制面板中生成新的图层并将其命名为"照片 1"。

图 12-49　　　　　　　　　　　　　图 12-50

Step 03 在"图层"控制面板上方，将"照片 1"图层的混合模式选项设为"明度"，效果如图 12-51 所示。新建图层并将其命名为"边框"。将前景色设为白色。选择"直线"工具 ，选中属性栏中的"填充像素"按钮 ，将"线条粗细"设为 6px，按住 Shift 键的同时，在图像窗口中绘制多条直线，效果如图 12-52 所示。

图 12-51　　　　　　　　　　　　　　　　　　　　图 12-52

2. 制作照片展示效果

Step 01　选择"矩形"工具□，选中属性栏中的"形状图层"按钮□，在图像窗口中绘制路径图形。按 Ctrl+T 组合键，路径图形周围出现变换框，将鼠标光标放在变换框的控制手柄外边，光标变为旋转图标↰，拖曳鼠标将其旋转到适当的位置，如图 12-53 所示，按 Enter 键确定操作，"图层"控制面板中生成"形状 1"图层，如图 12-54 所示。

图 12-53　　　　　　　　　　　　　　　　　　　　图 12-54

Step 02　单击"图层"控制面板下方的"添加图层样式"按钮 *fx.*，在弹出的菜单中选择"投影"命令，在弹出的对话框中进行设置，如图 12-55 所示。选择"描边"选项，切换到相应的控制面板，将描边颜色设为白色，其他选项的设置如图 12-56 所示，单击"确定"按钮，效果如图 12-57 所示。

图 12-55　　　　　　　　　　　　　图 12-56　　　　　　　　　　　　　图 12-57

Step 03　将"形状 1"图层拖曳到控制面板下方的"创建新图层"按钮 ▣ 上进行复制，生成新的副本图层。选择"移动"工具 ▸⊕，调整其位置和角度，效果如图 12-58 所示。单击"形状 1 副本"图层左侧的眼睛图标 ◉，隐藏图层。

Step 04　选中"形状 1"图层。按 Ctrl+O 组合键，打开光盘中的"Ch12 > 素材 > 制作老年照片模板 > 02"文件，选择"移动"工具 ▸⊕，将图片拖曳到图像窗口的右下方，并调整其大小和角度，效果如图 12-59 所示，在"图层"控制面板中生成新的图层并将其命名为"照片 2"。

Step 05　按住 Alt 键的同时，将鼠标放在"形状 1"图层和"图片 1"图层的中间，鼠标光标变为 ◖◗，单击鼠标，创建剪贴蒙版，效果如图 12-60 所示。

图 12-58   图 12-59   图 12-60

Step 06 　显示并选中"形状 1 副本"图层。按 Ctrl+O 组合键，打开光盘中的"Ch12 > 素材 > 制作老年照片模板 > 03"文件，选择"移动"工具，将图片拖曳到图像窗口的右下方，效果如图 12-61 所示，在"图层"控制面板中生成新的图层并将其命名为"照片 3"。用相同的方法调整图片的角度并创建剪贴蒙版，效果如图 12-62 所示。选择"横排文字"工具 T，在属性栏中选择合适的字体并设置适当的文字大小，输入需要的白色文字，如图 12-63 所示。老年照片模板制作完成。

图 12-61   图 12-62   图 12-63

12.2.4　矢量蒙版

原始图像效果如图 12-64 所示。选择"自定形状"工具，选中属性栏中的"路径"按钮，在形状选择面板中选中"红桃"图形，如图 12-65 所示。

图 12-64   图 12-65

在图像窗口中绘制路径，如图 12-66 所示，选中"圣诞老人"图层，选择菜单"图层 > 矢量蒙版 > 当前路径"命令，为"圣诞老人"图层添加矢量蒙版，如图 12-67 所示，图像窗口中的效果如图 12-68 所示。选择"直接选择"工具，可以修改路径的形状，从而修改蒙版的遮罩区域，如图 12-69 所示。

图 12-66   图 12-67   图 12-68   图 12-69

12.3 通道蒙板

通道蒙版提供了一种更方便、灵活地选择图像区域的方法，在实际应用中如颜色相近的图像区域的选择、羽化操作，抠像处理等工作使用通道蒙版完成将会更加便捷。同时，在通道中创建的蒙版，还可以进行存储操作。

12.3.1 课堂案例——制作喷溅边框

案例学习目标：学习使用通道蒙版和不同的滤镜命令制作特效边框。

案例知识要点：使用快速蒙版工具进入蒙版编辑状态，使用晶格化、碎片、喷溅、挤压、旋转扭曲滤镜命令制作特效边框，使用添加图层样式命令为图像添加效果，如图 12-70 所示。

效果所在位置：光盘/Ch12/效果/制作喷溅边框.psd。

图 12-70

Step 01　按 Ctrl+N 组合键，新建一个文件，宽度为 15cm，高度为 10cm，分辨率为 200 像素/英寸，颜色模式为 RGB，背景内容为白色，单击"确定"按钮。将前景色设为灰色（其 R、G、B 值分别为 186、186、186），按 Alt+Delete 组合键，用前景色填充"背景"图层，效果如图 12-71 所示。

Step 02　按 Ctrl+O 组合键，打开光盘中的"Ch12 > 素材 > 制作喷溅边框 > 01"文件，选择"移动"工具 ，将图片拖曳到图像窗口中，如图 12-72 所示，在"图层"控制面板中生成新的图层并将其命名为"图片"。选择"矩形选框"工具 ，在图像窗口中绘制矩形选区，如图 12-73 所示。

图 12-71　　　　　　　　　　图 12-72　　　　　　　　　　图 12-73

Step 03　按 Ctrl+Shift+I 组合键，将选区反选，单击工具箱下方的"以快速蒙版模式编辑"按钮 ，进入蒙版编辑状态，如图 12-74 所示。选择菜单"滤镜 > 像素化 > 晶格化"命令，在弹出的对话框中进行设置，如图 12-75 所示，单击"确定"按钮，效果如图 12-76 所示。

图 12-74　　　　　　　　　　图 12-75　　　　　　　　　　图 12-76

Step 04 选择菜单"滤镜 > 像素化 > 碎片"命令，对当前图像进行碎片处理，效果如图 12-77 所示。选择菜单"滤镜 > 画笔描边 > 喷溅"命令，在弹出的对话框中进行设置，如图 12-78 所示，单击"确定"按钮，效果如图 12-79 所示。

图 12-77　　　　　　　　　　　　　　图 12-78　　　　　　　　　　　　　图 12-79

Step 05 选择菜单"滤镜 > 扭曲 > 挤压"命令，在弹出的对话框中进行设置，如图 12-80 所示，单击"确定"按钮，效果如图 12-81 所示。

图 12-80　　　　　　　　　　　　　图 12-81

Step 06 选择菜单"滤镜 > 扭曲 > 旋转扭曲"命令，在弹出的对话框中进行设置，如图 12-82 所示，单击"确定"按钮，效果如图 12-83 所示。

图 12-82　　　　　　　　　　　　　图 12-83

Step 07 单击工具箱下方的"以标准模式编辑"按钮，恢复到标准编辑状态，蒙版形状转换为选区，效果如图 12-84 所示。按 Delete 键，删除选区中的图像，按 Ctrl+D 组合键，取消选区，效果如图 12-85 所示。

图 12-84　　　　　　　　　　　　　图 12-85

Step 08　单击"图层"控制面板下方的"添加图层样式"按钮 fx.，在弹出的菜单中选择"投影"命令，将投影颜色设为浅灰色（其 R、G、B 值分别为 194、194、194），其他选项的设置如图 12-86 所示。选择"描边"选项，切换到相应的对话框，将描边颜色设为浅灰色（其 R、G、B 值分别为 191、191、191），其他选项的设置如图 12-87 所示，单击"确定"按钮，效果如图 12-88 所示。喷溅边框制作完成。

图 12-86　　　　　　　　　　　图 12-87　　　　　　　　　　　图 12-88

12.3.2　通道蒙版

1．快速蒙版的制作

选择快速蒙版命令，可以使图像快速地进入蒙版编辑状态。打开一幅图像，效果如图 12-89 所示。选择"椭圆选框"工具 ◯，沿着时钟图形的周围绘制选区，如图 12-90 所示。

图 12-89　　　　　　　　　　　图 12-90

单击工具箱下方的"以快速蒙版模式编辑"按钮 ◯，进入蒙版状态，选区暂时消失，图像的未选择区域变为红色，如图 12-91 所示。"通道"控制面板中将自动生成快速蒙版，如图 12-92 所示。快速蒙版图像如图 12-93 所示。

ⓘ 提示：系统预设蒙版颜色为半透明的红色。

图 12-91　　　　　　　　　　　图 12-92　　　　　　　　　　　图 12-93

双击快速蒙版，弹出"快速蒙版选项"对话框，可以对快速蒙版进行设定。在对话框中选择"被蒙版区域"单选项，如图 12-94 所示，单击"确定"按钮，将被蒙版的区域进行蒙版，如图 12-95 和图 12-96 所示。

图 12-94   图 12-95   图 12-96

在对话框中选择"所选区域"单选项，如图 12-97 所示，单击"确定"按钮，将所选区域进行蒙版，如图 12-98 和图 12-99 所示。

图 12-97   图 12-98   图 12-99

2. 在 Alpha1 通道中存储蒙版

可以将编辑好的蒙版存储到 Alpha 通道中。用选区工具选中图像中的球体，生成选区，如图 12-100 所示。

选择菜单"选择 > 存储选区"命令，弹出"存储选区"对话框，如图 12-101 所示进行设定，单击"确定"按钮，建立通道蒙版"球"。或选择"通道"控制面板中的"将选区存储为通道"按钮 [○]，建立通道蒙版"球"，效果如图 12-102、图 12-103 所示。

图 12-100   图 12-101

图 12-102   图 12-103

将图像保存，再次打开图像时，选择菜单"选择 > 载入选区"命令，弹出"载入选区"对话框，如图 12-104 所示进行设定，单击"确定"按钮，将"球"通道的选区载入。或选择"通道"控制面板中的"将通道作为选区载入"按钮 ○，将"球"通道作为选区载入，效果如图 12-105 所示。

图 12-104   图 12-105

12.4 课堂练习——制作化妆品广告

练习知识要点：使用图层的混合模式和不透明选项制作鱼缸图形，使用添加图层蒙版按钮和画笔工具制作化妆品与鱼缸的结合，使用椭圆选框工具和羽化命令制作投影效果，使用自定形状工具绘制鱼图形，使用横排文字工具制作标题和宣传文字，效果如图 12-106 所示。

效果所在位置：光盘/Ch12/效果/制作化妆品广告.psd。

图 12-106

12.5 课后习题——制作餐馆广告

习题知识要点：使用去色、反相命令和高斯模糊命令制作背景底图。使用椭圆选框工具和画笔工具绘制装饰笔刷图形，使用椭圆工具创建剪贴蒙版命令添加餐馆食品，使用横排文字工具添加标题和宣传文字，使用添加图层样式命令制作文字特殊效果，如图 12-107 所示。

效果所在位置：光盘/Ch12/效果/制作餐馆广告.psd。

图 12-107

第13章 滤镜效果

本章将主要介绍 Photoshop CS4 强大的滤镜功能，包括滤镜的分类、滤镜的重复使用以及滤镜的使用技巧。通过本章的学习，能够快速地掌握知识要点，应用丰富的滤镜资源制作出多变的图像效果。

【教学目标】

- 滤镜库以及滤镜使用技巧。
- 滤镜的应用。

13.1 滤镜库以及滤镜使用技巧

Photoshop CS4 的滤镜库将常用滤镜组组合在一个面板中，以折叠菜单的方式显示，并为每一个滤镜提供了直观效果预览，使用十分方便。Photoshop CS4 的滤镜菜单下提供了多种滤镜，选择这些滤镜命令，可以制作出奇妙的图像效果。

13.1.1 课堂案例——制作艺术照片

案例学习目标：学习使用调整命令调节图像颜色，使用滤镜命令制作图像效果。

案例知识要点：使用去色、反向命令和高斯模糊滤镜命令制作背景效果，使用 USM 锐化、阈值命令制作图像效果，使用色阶命令调整图像颜色，如图 13-1 所示。

效果所在位置：光盘/Ch13/效果/制作艺术照片.psd。

图 13-1

1. 制作特殊人物效果

Step 01 按 Ctrl + O 组合键，打开光盘中的"Ch13 > 素材 > 制作艺术照片 > 01"文件，图像效果如图 13-2 所示。将"背景"图层拖曳到控制面板下方的"创建新图层"按钮 上进行复制，生成新图层"背景 副本"。按 Ctrl+Shift+U 组合键，将图像去色，效果如图 13-3 所示。

Step 02 将"背景 副本"图层拖曳到控制面板下方的"创建新图层"按钮 上进行复制，生成新图层"背景 副本 2"。选择菜单"图像 > 调整 > 反相"命令，效果如图 13-4 所示。在"图层"控制面板上方，将"背景 副本 2"图层的混合模式选项设为"颜色减淡"，如图 13-5 所示。

| 图 13-2 | 图 13-3 | 图 13-4 | 图 13-5 |

Step 03 选择菜单"滤镜 > 模糊 > 高斯模糊"命令，在弹出的对话框中进行设置，如图 13-6 所示，单击"确定"按钮，效果如图 13-7 所示。

Step 04 将"背景"图层拖曳到控制面板下方的"创建新图层"按钮 上进行复制，生成新图层"背景 副本 3"，将其拖曳到控制面板的最上方。在"图层"控制面板上方，将"背景 副本 3"图层的"不透明度"选项设为 50%，如图 13-8 所示。

图 13-6　　　　　　　　　　　图 13-7　　　　　　　　　　　图 13-8

Step 05　将"背景 副本"图层拖曳到控制面板下方的"创建新图层"按钮 ▣ 上进行复制，生成新图层"背景 副本 4"，将其拖曳到控制面板的最上方，如图 13-9 所示。选择菜单"滤镜 > 锐化 > USM 锐化"命令，在弹出的对话框中进行设置，如图 13-10 所示，单击"确定"按钮，效果如图 13-11 所示。

图 13-9　　　　　　　　　　图 13-10　　　　　　　　　　图 13-11

Step 06　选择菜单"图像 > 调整 > 阈值"命令，在弹出的对话框中进行设置，如图 13-12 所示，单击"确定"按钮，效果如图 13-13 所示。选择菜单"选择 > 色彩范围"命令，弹出对话框，在对话框中黑色图像显示区域上单击鼠标，显示出人物图像，如图 13-14 所示，单击"确定"按钮，白色图像区域生成选区，如图 13-15 所示。

图 13-12　　　　　　　图 13-13　　　　　　　图 13-14　　　　　　　图 13-15

Step 07　按 Ctrl+Shift+I 组合键，将选区反选。按 Ctrl+J 组合键，复制选区中的图像到新的图层，"图层"控制面板中生成"图层 1"。单击"背景 副本 4"图层左侧的眼睛图标 👁，将其隐藏，如

图 13-16 所示。选择菜单"滤镜 ＞ 模糊 ＞ 高斯模糊"命令，在弹出的对话框中进行设置，如图 13-17 所示，单击"确定"按钮，效果如图 13-18 所示。

图 13-16 　　　　　　　　　图 13-17 　　　　　　　　　图 13-18

2. 制作照片效果

Step 01 　按 Ctrl+Shift+E 组合键，合并可见图层，如图 13-19 所示。将"背景"图层拖曳到控制面板下方的"创建新图层"按钮 上进行复制，生成新图层"背景 副本"，将其拖曳到控制面板的最上方，如图 13-20 所示。

图 13-19 　　　　　　　　　　　　　图 13-20

Step 02 　在"图层"控制面板上方，将"背景 副本"图层的混合模式选项设为"柔光"，图像效果如图 13-21 所示。选择菜单"图像 ＞ 调整 ＞ 色阶"命令，在弹出的对话框中进行设置，如图 13-22 所示，单击"确定"按钮，效果如图 13-23 所示。

Step 03 　按 Ctrl + O 组合键，打开光盘中的"Ch13 ＞ 素材 ＞ 制作艺术照片 ＞ 02"文件，选择"移动"工具 ，拖曳文字到图像窗口中适当的位置，如图 13-24 所示，在"图层"控制面板生成新的图层"文字"。艺术照片效果制作完成。

图 13-21 　　　　　　　　图 13-22 　　　　　　　　图 13-23 　　　　　　　　图 13-24

13.1.2　滤镜库

选择菜单"滤镜 > 滤镜库"命令，弹出"滤镜库"对话框，在对话框中部为滤镜列表，每个滤镜组下面包含了多个很有特色的滤镜，单击需要的滤镜组，可以浏览到滤镜组中的各个滤镜和其相应的滤镜效果，如图 13-25 所示。

图 13-25

在"滤镜库"对话框中可以创建多个效果图层，每个图层可以应用不同的滤镜，从而使图像产生多个滤镜叠加后的效果。为图像添加"喷色描边"滤镜，如图 13-26 所示，单击"新建效果图层"按钮，生成新的效果图层，如图 13-27 所示。

图 13-26

图 13-27

为图像添加"颗粒"滤镜，2 个滤镜叠加后的效果如图 13-28 所示。

图 13-28

13.1.3 重复使用滤镜

如果在使用一次滤镜后，效果不理想，可以按 Ctrl+F 组合键，重复使用滤镜。重复使用粗糙蜡笔滤镜的不同效果如图 13-29 所示。

图 13-29

13.1.4 对图像局部使用滤镜

对图像的局部使用滤镜，是常用的处理图像的方法。在要应用的图像上绘制选区，如图 13-30 所示，对选区中的图像使用球面化滤镜，效果如图 13-31 所示。如果对选区进行羽化后再使用滤镜，就可以得到与原图溶为一体的效果。在"羽化选区"对话框中设置羽化的数值，如图 13-32 所示，对选区进行羽化后再使用滤镜得到的效果如图 13-33 所示。

图 13-30   图 13-31   图 13-32   图 13-33

13.1.5 对滤镜效果进行调整

对图像应用"点状化"滤镜后，效果如图 13-34 所示，按 Ctrl+Shift+F 组合键，弹出"渐隐"对话框，调整不透明度并选择模式，如图 13-35 所示，单击"确定"按钮，滤镜效果产生变化，如图 13-36 所示。

图 13-34   图 13-35   图 13-36

13.1.6　对通道使用滤镜

如果分别对图像的各个通道使用滤镜，结果和对图像使用滤镜的效果是一样的。对图像的单独通道使用滤镜，可以得到一种非常好的效果。原始图像效果如图 13-37 所示，对图像的绿、蓝通道分别使用径向模糊滤镜后得到的效果如图 13-38 所示。

图 13-37　　　　　　　图 13-38

13.2　滤镜的应用

单击选择"滤镜"菜单，弹出如图 13-39 所示的下拉菜单。Photoshop CS4 滤镜菜单被分为 5 部分，并已用横线划分开。

第 1 部分为最近一次使用的滤镜，没有使用滤镜时，此命令为灰色，不可选择。使用任意一种滤镜后，需要重复使用这种滤镜时，只要直接选择这种滤镜或按 Ctrl+F 组合键，即可重复使用。第 2 部分为转换为智能滤镜，智能滤镜可随时进行修改操作。第 3 部分为 4 种 Photoshop CS4 滤镜，每个滤镜的功能都十分强大。第 4 部分为 13 种 Photoshop CS4 滤镜组，每个滤镜组中都包含多个子滤镜。第 5 部分为 Digimarc 滤镜。

图 13-39

13.2.1　课堂案例——清除图像中的杂物

案例学习目标：学习使用滤镜命令制作透视效果，应用选区及图层的相关知识点制作图像效果。

案例知识要点：使用消失点滤镜命令去除多余图像，使用矩形工具和添加图层蒙版命令制作网格图形，使用图层的混合模式命令更改网格图形的显示效果，如图 13-40 所示。

效果所在位置：光盘/Ch13/效果/清除图像中的杂物.psd。

图 13-40

1.　去除多余图像

Step 01　按 Ctrl + O 组合键，打开光盘中的"Ch13 > 素材 > 清除图像中的杂物 > 01"文件，图像效果如图 13-41 所示。

Step 02 选择菜单"滤镜 > 消失点"命令，弹出对话框，选择"缩放"工具，将预览图放大，选择"创建平面"工具，在预览图中拖曳鼠标绘制如图 13-42 所示的选框，将鼠标光标放在选框下方的控制点上，并向下拖曳控制点到高楼图像的外侧，如图 13-43 所示。

| 图 13-41 | 图 13-42 | 图 13-43 |

Step 03 选择"矩形选框"工具，在选框内部的上方绘制一个矩形选区，如图 13-44 所示。按住 Alt+Ctrl 组合键的同时，向下拖动选区，清除遮挡住建筑物的路灯，效果如图 13-45 所示。用同样的方法清除建筑物上其他部分的杂物，单击"确定"按钮，效果如图 13-46 所示。

| 图 13-44 | 图 13-45 | 图 13-46 |

2．制作网格效果

Step 01 单击"图层"控制面板下方的"创建新图层"按钮，生成新图层"图层 1"。单击"背景"图层左侧的眼睛图标，将"背景"图层隐藏。将前景色设为深蓝色（其 R、G、B 的值分别为 41、63、99）。选择"直线"工具，单击属性栏中的"填充像素"按钮，将"粗细"选项设为 6px，按住 Shift 键的同时，在窗口中绘制直线，如图 13-47 所示。按 Ctrl+Alt+T 组合键，复制图形，如图 13-48 所示。按住 Shift 键的同时，按键盘上的方向键，移动图形，按 Enter 键确认操作，效果如图 13-49 所示。

| 图 13-47 | 图 13-48 | 图 13-49 |

Step 02 多次按 Ctrl+Alt+Shift+T 组合键，再制图形，如图 13-50 所示。在"图层"控制面板中将"图层 1"图层和所有"图层 1 副本"图层同时选取，按 Ctrl+E 组合键，合并图层，如图 13-51 所示。用相同的方法制作竖线效果，如图 13-52 所示。

図 13-50　　　　　　　　　　図 13-51　　　　　　　　　　図 13-52

Step 03 在"图层"控制面板中将所有"图层 1 副本"图层同时选取，按 Ctrl+E 组合键，合并图层并将其命名为"网格形状"，如图 13-53 所示。在"图层"控制面板中将"网格形状"图层的混合模式选项设为"线性减淡（加深）"，并将"填充"选项设为 79%，显示"背景"图层，图层图像窗口中的效果如图 13-54 所示。

図 13-53　　　　　　　　　　　　　図 13-54

Step 04 单击"图层"控制面板下方的"添加图层蒙版"按钮 ，为"网格形状"图层添加蒙版，如图 13-55 所示。选择"渐变"工具 ，单击属性栏中的"点按可编辑渐变"按钮 ，弹出"渐变编辑器"对话框，将渐变色设为从白色到黑色，如图 13-56 所示。单击"确定"按钮。按住 Shift 键的同时，在图像窗口中从上至下拖曳鼠标，效果如图 13-57 所示。

図 13-55　　　　　　　　　　図 13-56　　　　　　　　　　图 13-57

Step 05 按 Ctrl + O 组合键，打开光盘中的"Ch13 > 素材 > 清除图像中的杂物 > 02"文件，选择"移动"工具 ，将文字拖曳到图像窗口中适当的位置，如图 13-58 所示。在"图层"控制面板中生成新图层并将其命名为"文字"。清除图像中的杂物效果制作完成。

图 13-58

13.2.2 消失点滤镜

选中图像中的建筑物，生成选区，如图 13-59 所示。按 Ctrl + C 组合键复制选区中的图像，取消选区。选择菜单"滤镜 > 消失点"命令，弹出"消失点"对话框，在对话框的左侧选中"创建平面工具"按钮 ，在图像中单击定义 4 个角的节点，如图 13-60 所示，节点之间会自动连接称为透视平面，如图 13-61 所示。

图 13-59   图 13-60   图 13-61

按 Ctrl + V 组合键将刚才复制过的图像粘贴到对话框中，如图 13-62 所示。将粘贴的图像拖曳到透视平面中，如图 13-63 所示。

图 13-62   图 13-63

按住 Alt 键的同时，复制并向上拖曳建筑物，如图 13-64 所示。用相同的方法，再复制 2 次建筑物，如图 13-65 所示。

图 13-64　　　　　　　　　　　　　　　　图 13-65

单击"确定"按钮，建筑物的透视变形效果如图 13-66 所示。

在"消失点"对话框中，透视平面显示为蓝色时为有效的平面，如图 13-67 所示。显示为红色时为无效的平面，无法计算平面的长宽比，也无法拉出垂直平面，如图 13-68 所示。显示为黄色时为无效的平面，无法解析平面的所有消失点，如图 13-69 所示。

图 13-66　　　　　　　　图 13-67　　　　　　　　图 13-68　　　　　　　　图 13-69

13.2.3　锐化滤镜组

锐化滤镜可以通过生成更大的对比度来使图像清晰化和增强处理图像的轮廓。此组滤镜可减少图像修改后产生的模糊效果。锐化滤镜菜单如图 13-70 所示。应用锐化滤镜组制作的图像效果如图 13-71 所示。

图 13-70　　　　　　原图　　　　　　USM 锐化　　　　进一步锐化

图 13-71

锐化 　　　　　　锐化边缘 　　　　　　智能锐化

图 13-71（续）

13.2.4　智能滤镜

常用滤镜在应用后就不能改变滤镜命令中的数值，智能滤镜是针对智能对象使用的、可调节滤镜效果的一种应用模式。

添加智能滤镜：在"图层"控制面板中选中要应用滤镜的图层，如图 13-72 所示。选择菜单"滤镜 > 转换为滤镜"命令，将普通滤镜转换为智能滤镜，此时，弹出提示对话框，提示将选中的图层转换为智能对象，单击"确定"按钮，"图层"控制面板中的效果如图 13-73 所示。选择菜单"滤镜 > 纹理 > 拼缀图"命令，为图像添加拼缀图效果，在"图层"控制面板此图层的下方显示出滤镜名称，如图 13-74 所示。

图 13-72 　　　　　　　　　　　图 13-73 　　　　　　　　　　　图 13-74

编辑智能滤镜：可以随时调整智能滤镜中各选项的参数来改变图像的效果。双击"图层"控制面板中要修改参数的滤镜名称，在弹出的相应对话框中重新设置参数即可。单击滤镜名称右侧的"双击以编辑滤镜混合选项"图标，弹出"混合选项"对话框，在对话框中可以设置滤镜效果的模式和不透明度，如图 13-75 所示。

图 13-75

13.2.5　液化滤镜

液化滤镜命令可以制作出各种类似液化的图像变形效果。打开一幅图像，选择菜单"滤镜 > 液化"命令，或按 Shift+Ctrl+X 组合键，弹出"液化"对话框，如图 13-76 所示。

图 13-76

在对话框中对纸鹤图像进行变形，如图 13-77 所示，单击"确定"按钮，完成图像的液化变形，效果如图 13-78 所示。

图 13-77　　　　　　　　　　　　　　图 13-78

13.2.6　课堂案例——制作水墨画效果

案例学习目标：学习使用滤镜命令和直排文字工具制作效果。

案例知识要点：使用亮度/对比度命令调整图像的亮度，使用特殊模糊滤镜命令为图像添加模糊效果，使用中间值滤镜命令调整图像的中间值，使用喷溅滤镜命令为图像添加喷溅效果，使用直排文字工具添加需要的文字，如图 13-79 所示。

效果所在位置：光盘/Ch13/效果/制作水墨画效果.psd。

1．添加图片并去色

Step 01　按 Ctrl + O 组合键，打开光盘中的"Ch13 > 素材 > 制作水墨画效果 > 01"文件，效果如图 13-80 所示。

图 13-79

Step 02　在"图层"控制面板中，将"背景"图层连续 3 次拖曳到"创建新图层"按钮 　 上进行复制，生成 3 个新的副本图层，如图 13-81 所示。在"图层"控制面板中拖曳"背景 副本 2"图层到"背景 副本"图层的上方，如图 13-82 所示，拖曳"背景 副本 3"图层到"背景 副本 2"图层的上方，如图 13-83 所示。

图 13-80　　　　　　图 13-81　　　　　　图 13-82　　　　　　图 13-83

Step 03 分别单击"背景 副本 3"和"背景 副本 2"图层左边的眼睛图标 ，将图层隐藏，如图 13-84 所示。选中"背景 副本"图层，选择菜单"图像 > 调整 > 去色"命令，将图像去色，效果如图 13-85 所示。

图 13-84　　　　　　　　　图 13-85

2. 调整图片的亮度并添加模糊效果

Step 01 选择菜单"图像 > 调整 > 亮度/对比度"命令，在弹出的"亮度/对比度"对话框中进行设置，如图 13-86 所示，单击"确定"按钮，效果如图 13-87 所示。选择菜单"滤镜 > 模糊 > 特殊模糊"命令，在弹出的"特殊模糊"对话框中进行设置，如图 13-88 所示，单击"确定"按钮，效果如图 13-89 所示。

图 13-86　　　　　　图 13-87　　　　　　图 13-88　　　　　　图 13-89

Step 02 选择菜单"滤镜 > 模糊 > 高斯模糊"命令，在弹出的"高斯模糊"对话框中进行设置，如图 13-90 所示，单击"确定"按钮，效果如图 13-91 所示。

图 13-90   图 13-91

Step 03 选择菜单"滤镜 > 杂色 > 中间值"命令，在弹出的"中间值"对话框中进行设置，如图 13-92 所示，单击"确定"按钮，效果如图 13-93 所示。

图 13-92   图 13-93

Step 04 选择并显示出"背景 副本 2"图层。按 Ctrl+Shift+U 组合键，将图像去色，效果如图 13-94 所示。选择菜单"图像 > 调整 > 亮度/对比度"命令，在弹出的"亮度/对比度"对话框中进行设置，如图 13-95 所示，单击"确定"按钮，效果如图 13-96 所示。

图 13-94   图 13-95   图 13-96

3. 调整图片的曲线和模糊效果

Step 01 选择菜单"滤镜 > 风格化 > 查找边缘"命令，效果如图 13-97 所示。选择菜单"图像 > 调整 > 曲线"命令，弹出对话框，在曲线上单击鼠标添加控制点，将"输入"选项设为 66，"输出"选项设为 150，如图 13-98 所示，单击"确定"按钮，效果如图 13-99 所示。

图 13-97　　　　　　　　　　　图 13-98　　　　　　　　　　图 13-99

Step 02 选择菜单"滤镜 > 模糊 > 高斯模糊"命令，在弹出的"高斯模糊"对话框中进行设置，如图 13-100 所示，单击"确定"按钮，效果如图 13-101 所示。

图 13-100　　　　　　　　　　　图 13-101

Step 03 在"图层"控制面板上方，将"背景 副本 2"图层的混合模式选项设为"正片叠底"，效果如图 13-102 所示。选择并显示"背景 副本 3"图层。按 Ctrl+Shift+U 组合键，将图像去色，效果如图 13-103 所示。

Step 04 选择菜单"图像 > 调整 > 亮度/对比度"命令，在弹出的"亮度/对比度"对话框中进行设置，如图 13-104 所示，单击"确定"按钮，效果如图 13-105 所示。

图 13-102　　　　　　图 13-103　　　　　　　　图 13-104　　　　　　　　图 13-105

Step 05 选择菜单"滤镜 > 模糊 > 特殊模糊"命令，在弹出的"特殊模糊"对话框中进行设置，如图 13-106 所示，单击"确定"按钮，效果如图 13-107 所示。

图 13-106　　　　　　　　　　　　图 13-107

Step 06　选择菜单"滤镜 > 模糊 > 高斯模糊"命令，在弹出的"高斯模糊"对话框中进行设置，如图 13-108 所示，单击"确定"按钮，效果如图 13-109 所示。

图 13-108　　　　　　　　　　　　图 13-109

4．为图片添加喷溅和纹理化效果

Step 01　选择菜单"滤镜 > 画笔描边 > 喷溅"命令，在弹出的"喷溅"对话框中进行设置，如图 13-110 所示，单击"确定"按钮，效果如图 13-111 所示。

图 13-110　　　　　　　　　　　　图 13-111

Step 02　选择菜单"滤镜 > 纹理 > 纹理化"命令，在弹出的"纹理化"对话框中进行设置，如图 13-112 所示，单击"确定"按钮，效果如图 13-113 所示。

图 13-112   图 13-113

Step 03 在"图层"控制面板上方，将"背景 副本 3"的混合模式选项设为"叠加"，图像效果如图 13-114 所示。将除"背景"图层外的所有图层隐藏，如图 13-115 所示。

图 13-114   图 13-115

5．复制选区中的图像并调整颜色

Step 01 选择"魔棒"工具 ，在属性栏中将"容差"选项设为 80，按住 Shift 键的同时，在图像窗口中的亮部和暗部单击鼠标生成选区，如图 13-116 所示。按 Ctrl+J 组合键，将选区中的图像复制，在"图层"控制面板中生成新的图层并将其命名为"复制的图像"。按 Ctrl+Shift+]组合键，将"复制的图像"图层置于最上层，如图 13-117 所示。

图 13-116   图 13-117

Step 02 在"图层"控制面板上，将"背景 副本"、"背景 副本 2"、"背景 副本 3"显示。选择"复制的图像"图层，并将"复制的图像"图层的混合模式选项设为"颜色"，"填充"选项设为 80%，如图 13-118 所示，图像效果如图 13-119 所示。

图 13-118　　　　　　　　　　　　图 13-119

6. 添加印章图形和文字

Step 01　按 Ctrl + O 组合键，打开光盘中的"Ch013 > 素材 > 制作水墨画效果 > 02"文件。选择"移动"工具 ，将图形拖曳到图像窗口中，效果如图 13-120 所示，在"图层"控制面板中生成新的图层"印章"。

Step 02　选择"直排文字"工具 T，分别在属性栏中选择合适的字体并设置文字大小，分别输入需要的文字，分别将输入的文字选取，按 Alt+向下方向键，调整文字到适当的行距，效果如图13-121 所示。

Step 03　选择"直排文字"工具 T，在属性栏中选择合适的字体并设置文字大小，在印章图形上输入需要的白色文字，效果如图 13-122 所示。水墨画效果制作完成。

图 13-120　　　　　　图 13-121　　　　　　图 13-122

13.2.7　风格化滤镜组

风格化滤镜可以产生印象派以及其他风格画派作品的效果，它是完全模拟真实艺术手法进行创作的。风格化滤镜菜单如图 13-123 所示。应用风格化滤镜组制作的图像效果如图 13-124 所示。

图 13-123　　　　原图　　　　　查找边缘　　　　等高线　　　　　风　　　　　浮雕效果

图 13-124

| 扩散 | 拼贴 | 曝光过度 | 凸出 | 照亮边缘 |

图 13-124（续）

13.2.8　画笔描边滤镜组

画笔描边滤镜对 CMYK 和 Lab 颜色模式的图像都不起作用。画笔描边滤镜菜单如图 13-125 所示。应用画笔描边滤镜组制作的图像效果如图 13-126 所示。

图 13-125　原图　成角的线条　墨水轮廓　喷溅

喷色描边　强化的边缘　深色线条　烟灰墨　阴影线

图 13-126

13.2.9　模糊滤镜组

模糊滤镜可以使图像中过于清晰或对比度过于强烈的区域，产生模糊效果。此外，也可用于制作柔和阴影。模糊效果滤镜菜单如图 13-127 所示。应用模糊滤镜组制作的图像效果如图 13-128 所示。

图 13-127

| 原图 | 表面模糊 | 动感模糊 | 方框模糊 |

| 高斯模糊 | 进一步模糊 | 径向模糊 | 镜头模糊 |

| 模糊 | 平均 | 特殊模糊 | 形状模糊 |

图 13-128

13.2.10　素描滤镜组

　　素描滤镜可以制作出多种绘画效果。素描滤镜只对 RGB 或灰度模式的图像起作用。素描滤镜菜单如图 13-129 所示。应用素描滤镜组制作的图像效果如图 13-130 所示。

图 13-129

| 原图 | 半调图案 | 便条纸 | 粉笔和炭笔 | 铬黄渐变 |

图 13-130

| 绘图笔 | 基底凸现 | 水彩画纸 | 撕边 | 塑料效果 |

| 炭笔 | 炭精笔 | 图章 | 网状 | 影印 |

图 13-130（续）

13.2.11 纹理滤镜组

纹理滤镜可以使图像中各颜色之间产生过渡变形的效果。纹理滤镜菜单如图 13-131 所示。应用纹理滤镜组制作的图像效果如图 13-132 所示。

图 13-131 原图 龟裂缝 颗粒

马赛克拼贴 拼缀图 染色玻璃 纹理化

图 13-132

13.2.12　课堂案例——制作老照片效果

案例学习目标：学习使用多种滤镜命令及调整命令制作图像效果。

案例知识要点：使用去色命令、亮度/对比度命令和变化命令调整图片颜色，使用添加杂色滤镜命令、云彩滤镜命令和纤维滤镜命令制作老照片效果，如图 13-133 所示。

图 13-133

效果所在位置：光盘/Ch13/效果/制作老照片效果.psd。

1. 添加照片并调整颜色

Step 01　按 Ctrl + O 组合键，打开光盘中的"Ch13 > 素材 > 制作老照片效果 > 01"文件，效果如图 13-134 所示。按 Ctrl+Shift+U 组合键，将图片去色，效果如图 13-135 所示。

Step 02　选择菜单"图像 > 调整 > 亮度/对比度"命令，在弹出的对话框中进行设置，如图 13-136 所示，单击"确定"按钮，效果如图 13-137 所示。

图 13-134　　　　　图 13-135　　　　　　图 13-136　　　　　　图 13-137

Step 03　选择菜单"滤镜 > 杂色 > 添加杂色"命令，在弹出的对话框中进行设置，如图 13-138 所示，单击"确定"按钮，效果如图 13-139 所示。

Step 04　选择菜单"图像 > 调整 > 变化"命令，弹出"变换"对话框，在对话框中单击两次"加深黄色"选项中的图像，如图 13-140 所示，单击"确定"按钮，效果如图 13-141 所示。

图 13-138　　　　　图 13-139　　　　　　图 13-140　　　　　　图 13-141

2. 制作老照片效果

Step 01　新建图层并将其命名为"滤镜效果"，如图 13-142 所示。按 D 键，将工具箱中的前景色和背景色恢复为默认的黑、白两色。选择菜单"滤镜 > 渲染 > 云彩"命令，图像效果如图 13-143 所示。

图 13-142

图 13-143

Step 02 选择菜单"滤镜 > 渲染 > 纤维"命令，在弹出的对话框中进行设置，如图 13-144 所示，单击"确定"按钮，效果如图 13-145 所示。

Step 03 在"图层"控制面板上方，将"滤镜效果"图层的混合模式设置为"颜色加深"，如图 13-146 所示，图像效果如图 13-147 所示。制作老照片效果制作完成。

图 13-144

图 13-145

图 13-146

图 13-147

13.2.13 渲染滤镜组

渲染滤镜可以在图片中产生照明的效果，它可以产生不同的光源效果和夜景效果。渲染滤镜菜单如图 13-148 所示。应用渲染滤镜组制作的图像效果如图 13-149 所示。

图 13-148

原图

分层云彩

光照效果

图 13-149

镜头光晕 　　　　　纤维 　　　　　云彩

图 13-149（续）

13.2.14　杂色滤镜组

杂色滤镜可以混合干扰，制作出着色像素图案的纹理。杂色滤镜的菜单如图 13-150 所示。应用杂色滤镜组制作的图像效果如图 13-151 所示。

减少杂色...
蒙尘与划痕...
去斑
添加杂色...
中间值...

图 13-150 　　　　　原图 　　　　　减少杂色 　　　　　蒙尘与划痕

去斑 　　　　　添加杂色 　　　　　中间值

图 13-151

13.2.15　课堂案例——制作水彩画效果

案例学习目标：学习使用滤镜命令和图层混合模式命令制作水彩画效果。

案例知识要点：使用特殊模糊、绘画涂抹、调色刀、高斯模糊滤镜制作水彩画效果，使用图层的混合模式命令更改图像的显示效果，如图 13-152 所示。

效果所在位置：光盘/Ch13/效果/制作水彩画效果.psd。

图 13-152

Step 01　按 Ctrl + O 组合键，打开光盘中的"Ch13 > 素材 > 制作水彩画效果 > 01"文件，效果如图 13-153 所示。将"背景"图层拖曳到控制面板下方的"创建新图层"按钮　　上进行复制，生成新图层"背景 副本"。选择菜单"滤镜 > 模糊 > 特殊模糊"命令，在弹出的对话框中进行设置，如图 13-154 所示，单击"确定"按钮，效果如图 13-155 所示。

图 13-153　　　　　　　　　图 13-154　　　　　　　　　图 13-155

Step 02　将"背景 副本"图层拖曳到控制面板下方的"创建新图层"按钮 上进行复制，将其复制两次，生成新的副本图层。在"图层"控制面板上方，将"背景 副本 2"图层的混合模式选项设为"叠加"，如图 13-156 所示。单击"背景 副本 3"图层左侧的眼睛图标，将其隐藏，图像效果如图 13-157 所示。

图 13-156　　　　　　　　　　　　図 13-157

Step 03　选择并显示出"背景 副本 3"图层。选择菜单"滤镜 > 艺术效果 > 绘画涂抹"命令，在弹出的对话框中进行设置，如图 13-158 所示。单击对话框右下方的"新建效果图层"按钮，新建效果图层，单击"艺术效果"菜单中的"调色刀"选项，切换到相应的对话框，进行设置，如图 13-159 所示，单击"确定"按钮，效果如图 13-160 所示。

Step 04　在"图层"控制面板上方，将"背景 副本 3"图层的混合模式选项设为"柔光"，效果如图 13-161 所示。

图 13-158　　　　　　　　　　　　　　　　　　图 13-159

图 13-160　　　　　　　　　图 13-161

Step 05　将"背景　副本　3"图层拖曳到控制面板下方的"创建新图层"按钮 上进行复制，生成新图层"背景　副本　4"。选择菜单"滤镜 > 模糊 > 高斯模糊"命令，在弹出的对话框中进行设置，如图 13-162 所示，单击"确定"按钮，效果如图 13-163 所示。水彩画效果制作完成。

图 13-162　　　　　　　　　　　　　　　图 13-163

13.2.16　扭曲滤镜组

扭曲滤镜效果可以生成一组从波纹到扭曲图像的变形效果。扭曲滤镜菜单如图 13-164 所示。应用扭曲滤镜组制作的图像效果如图 13-165 所示。

波浪...
波纹...
玻璃...
海洋波纹...
极坐标...
挤压...
镜头校正...
扩散亮光...
切变...
球面化...
水波...
旋转扭曲...
置换...

图 13-164

原图　　　　　　　　波浪　　　　　　　　波纹　　　　　　　　玻璃

图 13-165

海洋波纹	极坐标	挤压	镜头校正	扩散亮光
切变	球面化	水波	旋转扭曲	置换

图 13-165（续）

13.2.17　像素化滤镜组

像素化滤镜可以用于将图像分块或将图像平面化。像素化滤镜的菜单如图 13-166 所示。应用像素化滤镜组制作的图像效果如图 13-167 所示。

图 13-166

原图	彩块化	彩色半调	点状化
晶格化	马赛克	碎片	铜板雕刻

图 13-167

13.2.18　课堂案例——制作特效背景

案例学习目标：学习使用滤镜命令和图层样式命令制作特效背景。

案例知识要点：使用渲染、杂色、像素化、扭曲镜制作背景旋转效果和彩色亮点图形，使用图层样式命令和画笔工具为图形添加颜色，使用横排文字工具、自定形状工具和矩形工具制作装饰文字和图形，效果如图 13-168 所示。

效果所在位置：光盘/Ch13/效果/制作特效背景.psd。

图 13-168

1. 制作背景效果

Step 01　按 Ctrl + N 组合键，新建一个文件：宽度为 9 厘米，高度为 9 厘米，分辨率为 200 像素/英寸，颜色模式为 RGB，背景内容为白色，单击"确定"按钮。

Step 02　按 D 键，将工具箱中的前景色和背景色恢复为默认的黑白两色。选择菜单"滤镜 > 渲染 > 云彩"命令，图像效果如图 13-169 所示。选择菜单"滤镜 > 杂色 > 添加杂色"命令，在弹出的对话框中进行设置，如图 13-170 所示，单击"确定"按钮，效果如图 13-171 所示。

图 13-169　　　　　　　　　　图 13-170　　　　　　　　　　图 13-171

Step 03　选择菜单"滤镜 > 像素化 > 晶格化"命令，在弹出的对话框中进行设置，如图 13-172 所示，单击"确定"按钮，效果如图 13-173 所示。

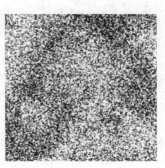

图 13-172　　　　　　　　　　　　　　图 13-173

Step 04 选择"矩形选框"工具，在图像窗口上方绘制一个矩形选区，按 Ctrl+Shift+I 组合键，将选区反选。按 Alt+Delete 组合键，用前景色填充选区，按 Ctrl+D 组合键，取消选区，效果如图 13-174 所示。

Step 05 选择菜单"滤镜 > 模糊 > 动感模糊"命令，在弹出的对话框中进行设置，如图 13-175 所示，单击"确定"按钮，效果如图 13-176 所示。

图 13-174 图 13-175 图 13-176

Step 06 选择"矩形选框"工具，在适当的位置绘制一个选区，如图 13-177 所示。按 Ctrl+T 组合键，选区周围出现变换框，向下拖曳下方中间的控制手柄到适当的位置，将选区中的图像放大，按 Enter 键确认操作，取消选区后，效果如图 13-178 所示。

图 13-177 图 13-178

Step 07 选择菜单"滤镜 > 模糊 > 高斯模糊"命令，在弹出的对话框中进行设置，如图 13-179 所示，单击"确定"按钮，效果如图 13-180 所示。

图 13-179 图 13-180

Step 08 选择菜单"图像 > 调整 > 色阶"命令，在弹出的对话框中进行设置，如图 13-181 所示，单击"确定"按钮，效果如图 13-182 所示。

图 13-181   图 13-182

Step 09 选择菜单"滤镜 > 扭曲 > 极坐标"命令，在弹出的对话框中进行设置，如图 13-183 所示，单击"确定"按钮，效果如图 13-184 所示。

图 13-183   图 13-184

Step 10 选择菜单"滤镜 > 扭曲 > 旋转扭曲"命令，在弹出的对话框中进行设置，如图 13-185 所示，单击"确定"按钮，效果如图 13-186 所示。

图 13-185   图 13-186

Step 11 按住 Ctrl 键的同时，在"通道"控制面板中单击"RGB"通道，如图 13-187 所示，图形周围生成选区。新建图层并将其命名为"旋转扭曲"。按 Ctrl+Delete 组合键，用前景色填充选区，取消选区。选择"背景"图层，按 Alt+Delete 组合键，用前景色填充图层，如图 13-188 所示。

图 13-187　　　　　　　　　　　　　图 13-188

Step 12　选中"旋转扭曲"图层。按 Ctrl+T 组合键，图形周围出现变换框，按住 Ctrl 键的同时，拖曳控制手柄，使图形透视变形，按 Enter 键确认操作，效果如图 13-89 所示。选择"橡皮擦"工具 ，在属性栏中单击"画笔"选项右侧的按钮 ，弹出画笔选择面板，在面板中设置画笔形状，如图 13-190 所示，在图像窗口中进行涂抹，效果如图 13-191 所示。

图 13-189　　　　　　　　　　图 13-190　　　　　　　　　　图 13-191

2．为图形添加颜色

Step 01　单击"图层"控制面板下方的"添加图层样式"按钮 ，在弹出的菜单中选择"投影"命令，弹出对话框，将投影颜色设置为浅蓝色（其 R、G、B 的值分别为 0、138、255），其他选项的设置如图 13-192 所示。选择"外发光"选项，切换到相应的对话框，将发光颜色设为蓝色（其 R、G、B 的值分别为 0、156、255），其他选项的设置如图 13-193 所示，单击"确定"按钮，效果如图 13-194 所示。

图 13-192　　　　　　　　　　图 13-193　　　　　　　　　　图 13-194

Step 02　新建图层并将其命名为"背景颜色"，拖曳到"背景"图层的上方。将前景色设为灰蓝色（其 R、G、B 的值分别为 53、80、97），按 Alt+Delete 组合键，用前景色填充"背景颜色"图层，面板如图 13-195 所示，图像效果如图 13-196 所示。

图 13-195　　　　　　　　　　　　　　　　　图 13-196

Step 03 按 D 键，将工具箱中的前景色和背景色恢复为默认的黑白两色。选择"画笔"工具 ，在属性栏中单击"画笔"选项右侧的按钮 ，弹出画笔选择面板，在面板中设置画笔形状，如图 13-197 所示，在图形中心部位进行涂抹，效果如图 13-198 所示。

图 13-197　　　　　　　　　　　　　　　　图 13-198

3．制作彩色亮点效果

Step 01 新建图层并将其命名为"蓝色光"，拖曳到所有图层的上方。按 Alt+Delete 组合键，用前景色填充图层。选择菜单"滤镜 > 杂色 > 添加杂色"命令，在弹出的对话框中进行设置，如图 13-199 所示，单击"确定"按钮，效果如图 13-200 所示。

Step 02 选择菜单"滤镜 > 像素化 > 晶格化"命令，在弹出的对话框中进行设置，如图 13-201 所示，单击"确定"按钮，效果如图 13-202 所示。选择菜单"图像 > 调整 > 色阶"命令，在弹出的对话框中进行设置，如图 13-203 所示，单击"确定"按钮，效果如图 13-204 所示。

图 13-199　　　　　　　　图 13-200　　　　　　　　图 13-201

图 13-202   图 13-203   图 13-204

Step 03   选择菜单"滤镜 > 模糊 > 径向模糊"命令，在弹出的对话框中进行设置，如图 13-205 所示，单击"确定"按钮，效果如图 13-206 所示。

图 13-205   图 13-206

Step 04   选择菜单"滤镜 > 扭曲 > 旋转扭曲"命令，在弹出的对话框中进行设置，如图 13-207 所示，单击"确定"按钮，效果如图 13-208 所示。在"图层"控制面板上方，将"蓝色光"图层的混合模式选项设为"线性减淡（添加）"，图像效果如图 13-209 所示。

图 13-207   图 13-208   图 13-209

Step 05   选择菜单"图像 > 调整 > 曲线"命令，在弹出的对话框中进行设置，如图 13-210 所示，单击"确定"按钮，效果如图 13-211 所示。

图 13-210   图 13-211

Step 06　新建图层并将其命名为"叠加色"。按 Alt+Delete 组合键，用前景色填充图层。在"图层"控制面板上方，将该图层的混合模式选项设为"柔光"，如图 13-212 所示，图像效果如图 13-213 所示。

图 13-212　　　　　　　　　　　　　　图 13-213

Step 07　按住 Shift 键的同时，将"背景颜色"图层和"叠加色"图层之间的所有图层同时选取，如图 13-214 所示。按 Ctrl+N 组合键，新建一个文件：宽度为 30 厘米，高度为 21 厘米，分辨率为 200 像素/英寸，颜色模式为 RGB，背景内容为白色，单击"确定"按钮。选择"移动"工具 ，将选中的图层拖曳到新建的图像窗口中，并调整其大小，效果如图 13-215 所示。

图 13-214　　　　　　　　　　　　　　图 13-215

4．添加装饰文字和图形

Step 01　按 Ctrl+O 组合键，打开光盘中的"Ch13 > 素材 > 制作特效背景 > 01"文件，将其拖曳到图像窗口中，并调整其大小和位置，效果如图 13-216 所示，在"图层"控制面板中生成新的图层并将其命名为"文字"。

Step 02　选择"横排文字"工具 T，在适当的位置输入需要的文字并将文字选取，在属性栏中选择合适的字体并设置文字大小，将文字颜色设为黄色（其 R、G、B 的值分别为 255、255、0），如图 13-217 所示，在"图层"控制面板中生成新的文字图层。

图 13-216　　　　　　　　　　　　　　图 13-217

Step 03 在"图层"控制面板上方，将文字图层的混合模式选项设为"柔光"，"不透明度"选项设为 60%，如图 13-218 所示，图像效果如图 13-219 所示。

图 13-218   图 13-219

Step 04 新建图层并将其命名为"蓝色圆环"。将前景色设为深蓝色（其 R、G、B 的值分别为 1、21、67）。选择"自定形状"工具 ，单击属性栏中的"形状"选项，弹出"形状"面板，选择需要的图形，如图 13-220 所示。选中属性栏中的"填充像素"按钮 ，在图像窗口中绘制图形，效果如图 13-221 所示。在"图层"控制面板上方，将该图层的混合模式选项设为"线性减淡（添加）"，效果如图 13-222 所示。

图 13-220   图 13-221   图 13-222

Step 05 新建图层并将其命名为"蓝色矩形"。选择"矩形"工具 ，在图像窗口中绘制图形，效果如图 13-223 所示。在"图层"控制面板上方，将该图层的混合模式选项设为"线性减淡（添加）"，效果如图 13-224 所示。

Step 06 按 Ctrl+O 组合键，打开光盘中的"Ch13 > 素材 > 制作特效背景 > 02"文件，选择"移动"工具 ，将其拖曳到图像窗口中，并调整其大小和位置，效果如图 13-225 所示，在"图层"控制面板中生成新的图层并将其命名为"文字 2"。特效背景制作完成。

图 13-223   图 13-224

图 13-225

13.2.19　艺术效果滤镜组

艺术效果滤镜在 RGB 颜色模式和多通道颜色模式下才可用。艺术效果滤镜菜单如图 13-226 所示。应用艺术效果滤镜组制作的图像效果如图 13-227 所示。

壁画...
彩色铅笔...
粗糙蜡笔...
底纹效果...
调色刀...
干画笔...
海报边缘...
海绵...
绘画涂抹...
胶片颗粒...
木刻...
霓虹灯光...
水彩...
塑料包装...
涂抹棒...

图 13-226

原图	壁画	彩色铅笔	粗糙蜡笔
底纹效果	调色刀	干画笔	海报边缘
海绵	绘画涂抹	胶片颗粒	木刻

图 13-227

| 霓虹灯光 | 水彩 | 塑料包装 | 涂抹棒 |

图 13-227（续）

13.2.20　其他效果滤镜组

其他滤镜组不同于其他分类的滤镜组。在此组滤镜中，可以创建自己的特殊效果滤镜。其他滤镜菜单如图 13-228 所示。应用其他滤镜组制作的图像效果如图 13-229 所示。

```
高反差保留...
位移...
自定...
最大值...
最小值...
```

图 13-228

| 原图 | 高反差保留 | 位移 |
| 自定 | 最大值 | 最小值 |

图 13-229

13.2.21　Digimarc 滤镜组

Digimarc 滤镜将数字水印嵌入到图像中以存储版权信息，Digimarc 滤镜菜单如图 13-230 所示。

```
读取水印...
嵌入水印...
```

图 13-230

13.2.22　视频滤镜组

视频滤镜组属于 Photoshop 的外部接口程序，它是一组控制视频工具的滤镜，用来从摄像机输入图像或将图像输出到录像带上。视频滤镜菜单如图 13-231 所示。

```
NTSC 颜色
逐行...
```

图 13-231

13.3 课堂练习——制作古典音乐会广告

练习知识要点：使用调色刀滤镜命令、木刻滤镜命令、混合模式命令制作背景图片的特殊效果，使用描边命令添加选区制作白色描边效果，使用外发光命令添加文字红色发光效果，如图 13-232 所示。

效果所在位置：光盘/Ch13/效果/制作古典音乐会广告.psd。

图 13-232

13.4 课后习题——制作家庭影院产品招贴

习题知识要点：使用添加图层蒙版和画笔工具制作图片渐隐效果，使用亮度/对比度命令调整图片的亮度对比，使用喷色描边滤镜命令为图像添加喷色描边效果，使用添加图层样式为文字添加特效，如图 13-233 所示。

效果所在位置：光盘/Ch13/效果/制作家庭影院产品招贴.psd。

图 13-233

第 **14** 章

动作的应用

本章将主要介绍动作面板、动作命令的应用技巧，并通过多个实际应用案例进一步讲解相关命令的操作方法。通过本章的学习，能够快速地掌握动作控制面板、应用动作以及创建动作的知识要点。

【教学目标】

- 动作控制面板。
- 应用动作。
- 创建动作。

14.1 动作控制面板及动作应用

在 Photoshop 中，可以直接使用动作控制面板中的动作命令进行设计创作，下面介绍具体的操作方法。

14.1.1　课堂案例——制作映射效果

案例学习目标：学习使用动作面板制作相应动作效果。

案例知识要点：使用预定动作制作映射照片，如图 14-1 所示。

效果所在位置：光盘/Ch14/效果/制作映射效果.psd。

图 14-1

Step 01　按 Ctrl+O 组合键，打开光盘中的"Ch14 > 素材 > 制作映射效果 > 01"文件，效果如图 14-2 所示。选择菜单"窗口 > 动作"命令，弹出"动作"控制面板，如图 14-3 所示。单击控制面板右上方的图标 ，在弹出的菜单中选择"图像效果"选项，控制面板显示新的动作特效如图 14-4 所示。

图 14-2

图 14-3　　　　　　　　　图 14-4

Step 02　单击"图像效果"选项左侧的按钮 ，在弹出的菜单中选择"渐变映射"选项，如图 14-5 所示。单击"渐变映射"选项左侧的按钮 ，可以查看动作应用的步骤，如图 14-6 所示。单击"动作"控制面板下方的"播放选定的动作"按钮 ，照片效果如图 14-7 所示，"图层"控制面板如图 14-8 所示。映射效果制作完成。

图 14-5　　　　　　　　图 14-6　　　　　　　　图 14-7　　　　　　　　图 14-8

14.1.2 动作控制面板

"动作"控制面板可以用于对一批需要进行相同处理的图像执行批处理操作，以减少重复操作的麻烦。选择菜单"窗口 > 动作"命令，或按 Alt+F9 组合键，弹出如图 14-9 所示的"动作"控制面板。其中包括"停止播放／记录"按钮 ■、"开始记录"按钮 ●、"播放选定的动作"按钮 ▶、"创建新组"按钮 □、"创建新动作"按钮 ◢、"删除"按钮 ☜。

单击"动作"控制面板右上方的图标 ▼☰，弹出其下拉命令菜单，如图 14-10 所示。

图 14-9　　　　　　　　图 14-10

14.2 创建动作

在 Photoshop 中，可以非常便捷地记录并应用动作，下面进行具体的介绍。

14.2.1 课堂案例——制作服装设计展览会

案例学习目标：学习使用动作面板制作重复操作。

案例知识要点：使用滤镜命令制作云彩和太阳图形，使用钢笔工具、画笔工具和动作面板制作背景装饰线条和弧线，使用画笔工具绘制装饰蝴蝶，使用文字工具添加宣传语，效果如图 14-11 所示。

效果所在位置：光盘/Ch14/效果/制作服装设计展览会.psd。

Step 01 按 Ctrl+N 组合键，新建一个文件：宽度为 21 厘米，高度为 30 厘米，分辨率为 200 像素/英寸，颜色模式为 RGB，背景内容为白色，单击"确定"按钮。

图 14-11

Step 02 选择"渐变"工具 ■，单击属性栏中的"点按可编辑渐变"按钮 ▭ ▼，弹出"渐变编辑器"对话框，将渐变色设为从淡蓝色（其 R、G、B 的值分别为 29、176、194）到白色，如图 14-12 所示，单击"确定"按钮。在属性栏中选中"径向渐变"按钮 ■，在图像窗口中从中心向右下方拖曳渐变色，松开鼠标，效果如图 14-13 所示。

图 14-12   图 14-13

Step 03 新建图层并将其命名为"云彩"。将前景色设为淡蓝色（其 R、G、B 的值分别为 127、209、219），将背景色设为白色。选择菜单"滤镜 > 渲染 > 云彩"命令，效果如图 14-14 所示。在"图层"控制面板上方，将"云彩"图层的"不透明度"选项设为 50%，图像效果如图 14-15 所示。

图 14-14   图 14-15

Step 04 新建图层并将其命名为"太阳"。将前景色设为白色。选择"椭圆"工具 ◯，选中属性栏中的"填充像素"按钮 ▭，按住 Shift 键的同时，在图像窗口中绘制一个圆形，效果如图 14-16 所示。选择菜单"滤镜 > 模糊 > 高斯模糊"命令，在弹出的对话框中进行设置，如图 14-17 所示，单击"确定"按钮，模糊圆形。选择"移动"工具 ►⊕，将图形拖曳到图像窗口的右下方，效果如图 14-18 所示。

图 14-16   图 14-17   图 14-18

Step 05 单击"图层"控制面板下方的"创建新组"按钮 ▭，生成新的图层组并将其命名为"线条"。新建图层并将其命名为"线条"。选择"钢笔"工具 ◊，选中属性栏中的"路径"按钮 ▨，在图像窗口中绘制一个路径，如图 14-19 所示。

Step 06　按 Ctrl+Enter 组合键，将路径转换为选区，将前景色设为白色，用前景色填充选区并取消选区。按 Ctrl+T 组合键，图形周围出现控制手柄，调整图形的大小并拖曳图形到适当的位置，按 Enter 键确定操作，效果如图 14-20 所示。

图 14-19　　　　　　　图 14-20

Step 07　选择菜单"窗口 > 动作"命令，弹出"动作"控制面板，单击控制面板下方的"创建新动作"按钮，弹出"新建动作"对话框，选项的设置如图 14-21 所示，单击"记录"按钮，开始记录动作。

Step 08　按 Ctrl+Alt+T 组合键，图形出现控制手柄，拖曳中心点到控制手柄的下方，如图 14-22 所示，将图形旋转到适当的角度，按 Enter 键确定操作，效果如图 14-23 所示。

图 14-21　　　　　　　图 14-22　　　　　　　图 14-23

Step 09　单击"动作"控制面板下方的"停止播放/记录"按钮，停止动作的录制。连续单击"动作"控制面板下方的"播放选定动作"按钮，直到形状铺满窗口，效果如图 14-24 所示。在"图层"控制面板中生成多个副本图层，单击"线条"图层组前面的三角形图标，将图层组中的图层隐藏。在"图层"控制面板上方，将"线条"图层组的混合模式设为"叠加"，"不透明度"选项设为 30%，图像效果如图 14-25 所示。

图 14-24　　　　　　　图 14-25

Step 10　单击"图层"控制面板下方的"添加图层蒙版"按钮，为"线条"图层组添加蒙版，如图 14-26 所示。选择"渐变"工具 ，将渐变色设为从白色到黑色。在属性栏中选中"线性渐变"按钮 ，在图像窗口中从左上方向右下方拖曳渐变色，效果如图 14-27 所示。

图 14-26　　　　　　　　　　　　　　　图 14-27

Step 11　单击"图层"控制面板下方的"创建新组"按钮 ，生成新的图层组并将其命名为"弧线"。新建图层并将其命名为"弧线"。选择"钢笔"工具 ，选中属性栏中的"路径"按钮 ，在图像窗口中绘制路径，如图 14-28 所示。

Step 12　将前景色设为白色。选择"画笔"工具 ，单击属性栏中的"切换画笔面板"按钮 ，选择"画笔笔尖形状"选项，在弹出的相应面板中进行设置，如图 14-29 所示。选择"形状动态"选项，在弹出的相应面板中进行设置，如图 14-30 所示。

图 14-28　　　　　　　　　　图 14-29　　　　　　　　　　　图 14-30

Step 13　选择"路径选择"工具 ，在路径上单击鼠标右键，在弹出的菜单中选择"描边路径"命令，弹出对话框，选择"画笔"选项，单击"确定"按钮，给路径描边。按 Enter 键，将路径隐藏，效果如图 14-31 所示。用上述方法创建动作并复制出多个图形，效果如图 14-32 所示，在"图层"控制面板中生成多个副本图层。

Step 14　在"图层"控制面板中单击"弧线"图层组前面的三角形图标，将图层组中的图层隐藏。在控制面板上方，将"弧线"图层组的"不透明度"选项设为 50%，图像效果如图 14-33 所示。

图 14-31　　　　　　　　　　图 14-32　　　　　　　　　　　图 14-33

Step 15 新建图层并将其命名为"扭曲图形"。将前景色设为深红色（其 R、G、B 的值分别为 120、0、0）。选择"画笔"工具 ✎，在属性栏中单击"画笔"选项右侧的按钮 ·，弹出画笔选择面板，在面板中选择需要的画笔形状，如图 14-34 所示。按住 Shift 键的同时，在图像窗口中绘制两条直线，如图 14-35 所示。

图 14-34   图 14-35

Step 16 选择菜单"滤镜 > 扭曲 > 旋转扭曲"命令，在弹出的对话框中进行设置，如图 14-36 所示，单击"确定"按钮，效果如图 14-37 所示。选择"移动"工具 ▸₊，调整图形的位置和大小，效果如图 14-38 所示。

图 14-36   图 14-37   图 14-38

Step 17 按 Ctrl+O 组合键，打开光盘中的"Ch14 > 素材 > 制作服装设计博览会 > 01"文件，将图片拖曳到图像窗口的右下方，效果如图 14-39 所示，在"图层"控制面板中生成新的图层并将其命名为"人物"。

Step 18 单击"图层"控制面板下方的"添加图层样式"按钮 fx，在弹出的菜单中选择"投影"命令，在弹出的对话框中进行设置，如图 14-40 所示。选择"描边"选项，切换到"描边"对话框，将描边颜色设为白色，其他选项的设置如图 14-41 所示，单击"确定"按钮，效果如图 14-42 所示。

图 14-39   图 14-40

图 14-41　　　　　　　　　　　　　　图 14-42

Step 19 新建图层并将其命名为 "蝴蝶"。将前景色设为黑色。选择 "画笔" 工具，单击属性栏中的 "切换画笔面板" 按钮，弹出 "画笔预设" 控制面板，单击右上方的图标，在弹出的菜单中选择 "特殊效果画笔" 命令，弹出提示对话框，单击 "追加" 按钮。选择 "画笔笔尖形状"选项，切换到相应的控制面板，在面板中选择 "缤纷蝴蝶" 画笔，其他选项的设置如图 14-43 所示。选择 "形状动态" 选项，切换到相应的控制面板，设置如图 14-44 所示。选择 "散布" 选项，切换到相应的控制面板，设置如图 14-45 所示。在图像窗口中绘制图形，效果如图 14-46 所示。

图 14-43　　　　　　　图 14-44　　　　　　　图 14-45　　　　　　　图 14-46

Step 20 单击 "图层" 控制面板下方的 "添加图层样式" 按钮，在弹出的菜单中选择 "外发光" 命令，弹出对话框，将发光颜色设为白色，其他选项的设置如图 14-47 所示，单击 "确定" 按钮，效果如图 14-48 所示。

图 14-47　　　　　　　　　　　　　　图 14-48

Step 21 按 Ctrl+O 组合键，打开光盘中的"Ch14 > 素材 > 制作服装设计博览会 > 02"文件，将图形拖曳到图像窗口的左上方，效果如图 10-49 所示，在"图层"控制面板中生成新的图层并将其命名为"图形"。

Step 22 选择"横排文字"工具 T，在属性栏中分别选择合适的字体并设置文字大小，在图像窗口中分别输入深红色（其 R、G、B 的值分别为 83、1、17）文字，效果如图 10-50 所示。服装设计博览会效果制作完成，如图 10-51 所示。

图 14-49   图 14-50   图 14-51

14.2.2　创建动作

在"动作"控制面板中，可以非常便捷地记录并应用动作。打开一幅图像，效果如图 14-52 所示。在"动作"控制面板的下拉命令菜单中选择"新建动作"命令，弹出"新建动作"对话框，如图 14-53 所示进行设定，单击"记录"按钮，在"动作"控制面板中出现"动作 1"，如图 14-54 所示。

图 14-52   图 14-53   图 14-54

在"图层"控制面板中新建"图层 1"，如图 14-55 所示，在"动作"控制面板中记录下了新建图层 1 的动作，如图 14-56 所示。在"图层 1"中绘制出渐变效果，如图 14-57 所示，在"动作"控制面板中记录下了渐变的动作，如图 14-58 所示。

图 14-55   图 14-56

图 14-57　　　　　　　　　　图 14-58

在"图层"控制面板的"模式"选项中选择"色相"模式，如图 14-59 所示，在"动作"控制面板中记录下了选择色相模式的动作，如图 14-60 所示。对图像的编辑完成，效果如图 14-61 所示，在"动作"控制面板下拉命令菜单中选择"停止记录"命令，即完成"动作 1"的记录，如图 14-62 所示。

图 14-59　　　　　　　　　　图 14-60

图 14-61　　　　　　　　　　图 14-62

图像的编辑过程被记录在"动作 1"中，"动作 1"中的编辑过程可以应用到其他的图像中。打开一幅图像，效果如图 14-63 所示。在"动作"控制面板中选择"动作 1"，如图 14-64 所示，单击"播放选定动作"按钮 ，图像编辑的过程和效果就是刚才编辑花朵图像时的编辑过程和效果，如图 14-65 所示。

图 14-63　　　　　　　图 14-64　　　　　　　图 14-65

14.3 课堂练习——制作 MP3 播放器广告

练习知识要点：使用矩形工具、椭圆工具和图层不透明度命令制作底图效果，使用画笔工具绘制星光图形，使用添加图层样式命令为人物剪影添加图层外发光效果，使用添加蒙版命令为人物添加图层蒙版，使用钢笔工具绘制耳机线，如图 14-66 所示。

效果所在位置：光盘/Ch14/效果/制作 MP3 播放器广告.psd。

图 14-66

14.3 课后习题——制作果汁广告

习题知识要点：使用椭圆选框工具、动感模糊滤镜和动作命令制作背景亮光，使用外发光命令制作图片的发光效果，使用钢笔工具绘制装饰图形，使用横排文字工具、直排文字工具和图层样式命令制作广告语，使用创建变形文字命令制作文字的变形效果，如图 14-67 所示。

效果所在位置：光盘/Ch14/效果/制作果汁广告.psd。

图 14-67

第 15 章

综合实训案例

本章通过多个图像处理案例和商业应用案例，进一步讲解 Photoshop 各大功能的特色和使用技巧，让读者能够快速地掌握软件功能和知识要点，制作出变化丰富的设计作品。

15.1 制作中秋食品广告

案例知识要点：使用羽化命令制作月亮，使用渐变叠加和描边命令制作特殊文字效果，使用自定形状工具添加文字边框，使用添加图层蒙版制作图片的半透明效果，如图 15-1 所示。

效果所在位置：光盘/Ch15/效果/制作中秋食品广告.psd。

图 15-1

15.1.1 制作背景效果

Step 01 按 Ctrl+N 组合键，新建一个文件：宽度为 21 厘米，高度为 30 厘米，分辨率为 200 像素/英寸，颜色模式为 RGB，背景内容为白色，单击"确定"按钮。

Step 02 选择"渐变"工具，单击属性栏中的"点按可编辑渐变"按钮，弹出"渐变编辑器"对话框，在"位置"选项中分别输入 0、29、54、100 四个位置点，分别设置位置点颜色的 RGB 值为：0（90、1、1）、29（255、118、0）、54（255、193、3）、100（255、255、204），如图 15-2 所示，单击"确定"按钮。单击属性栏中的"线性渐变"按钮，按住 Shift 键的同时，在图像窗口中从上向下拖曳渐变色，效果如图 15-3 所示。

图 15-2   图 15-3

Step 03 选择"直排文字"工具，输入需要的白色文字，选取文字，在属性栏中选择合适的字体并设置文字大小，调整文字适当的间距和行距，效果如图 15-4 所示。在"图层"控制面板中生成新的文字图层。将该文字图层的混合模式设为"柔光"，不透明度设为 20%，如图 15-5 所示，图像效果如图 15-6 所示。

图 15-4   图 15-5   图 15-6

Step 04　按 Ctrl+O 组合键，打开光盘中的"Ch15 > 素材 > 制作中秋食品广告 > 01"文件，将花图片拖曳到图像窗口中。在"图层"控制面板中生成新的图层并命名为"花"。按 Ctrl+T 组合键，在图像周围出现变换框，调整图像的大小，按 Enter 键确定操作，如图 15-7 所示。单击面板下方的"添加图层蒙版"按钮 ◙ ，为"花"图层添加蒙版，如图 15-8 所示。

Step 05　选择"画笔"工具 ✐ ，在属性栏中单击"画笔"选项右侧的按钮 · ，弹出画笔选择面板，将"主直径"选项设为 600，"硬度"选项设为 0，"不透明度"选项设为 33，在花图像上进行涂抹，效果如图 15-9 所示。

图 15-7　　　　　　　　　图 15-8　　　　　　　　　图 15-9

Step 06　按 Ctrl+O 组合键，打开光盘中的"Ch15 > 素材 > 制作中秋食品广告 > 02"文件，将人物图片拖曳到图像窗口的左上方，如图 15-10 所示，在"图层"控制面板中生成新的图层并命名为"人物"。在控制面板上方，将该图层的混合模式设为"叠加"，图像效果如图 15-11 所示。

Step 07　单击"图层"控制面板下方的"添加图层蒙版"按钮 ◙ ，为"人物"图层添加蒙版，如图 15-12 所示。选择"画笔"工具 ✐ ，在属性栏中单击"画笔"选项右侧的按钮 · ，弹出画笔选择面板，将"主直径"选项设为 600，"硬度"选项设为 0，"不透明度"选项设为 33，在人物图像上进行涂抹，涂抹区域被删除，效果如图 15-13 所示。

图 15-10　　　　　图 15-11　　　　　　　　　图 15-12　　　　　　　　图 15-13

Step 08　将前景色设为浅黄色（其 R、G、B 的值分别为 255、255、204）。新建图层并将其命名为"月亮"。选择"椭圆"工具 ◯ ，选中属性栏中的"填充像素"按钮 ▢ ，按住 Shift 键的同时，绘制圆形，效果如图 15-14 所示。

Step 09　选择"椭圆选框"工具 ◯ ，按住 Shift 键的同时，绘制一个圆形选区，如图 15-15 所示。按 Shift+F6 组合键，在弹出的对话框中进行设置，如图 15-16 所示，单击"确定"按钮。按 Delete 键，删除选区中的图像，按 Ctrl+D 组合键，取消选区，效果如图 15-17 所示。

图 15-14

图 15-15　　　　　　　　　　图 15-16　　　　　　　　　　图 15-17

Step 10 按 Ctrl+O 组合键，打开光盘中的"Ch15 > 素材 > 制作中秋食品广告 > 03"文件，将月饼图片拖曳到图像窗口的右下方，如图 15-18 所示，在"图层"控制面板中生成新的图层并命名为"月饼"。

Step 11 单击控制面板下方的"添加图层样式"按钮 **fx.**，在弹出的菜单中选择"投影"命令，在弹出的对话框中进行设置，如图 15-19 所示，单击"确定"按钮，效果如图 15-20 所示。按住 Alt 键的同时，拖曳月饼图像进行复制，并旋转图像到适当的角度，效果如图 15-21 所示。

图 15-18　　　　　　　　　　　　　　图 15-19

图 15-20　　　　　　　　　图 15-21

15.1.2　添加宣传文字

Step 01 选择"横排文字"工具 T，分别输入需要的白色文字，分别选取文字，在属性栏中选择合适的字体并设置文字大小，效果如图 15-22 所示。在"图层"控制面板中分别生成新的文字图层。

Step 02 选择"中"文字图层，单击"图层"控制面板下方的"添加图层样式"按钮 **fx.**，在弹出的菜单中选择"渐变叠加"命令，弹出对话框，单击"渐变"选项中的"点按可编辑渐变"按钮
，弹出"渐变编辑器"对话框，在"位置"选项中分别输入 0、50、100 三个位置点，分别设置位置点颜色的 RGB 值为：0（0、0、0）、50（126、12、1）、100（0、0、0），如图 15-23 所示，单击"确定"按钮，返回到"渐变叠加"对话框，其他选项的设置如图 15-24 所示，单击"确定"按钮，效果如图 15-25 所示。

图 15-22　　　　　　　　　　　　图 15-23

图 15-24　　　　　　　　　　　　图 15-25

`Step 03` 单击 "图层" 控制面板下方的 "添加图层样式" 按钮 *fx.*，在弹出的菜单中选择 "描边" 命令，弹出对话框，将描边颜色设为浅黄色（其 R、G、B 的值分别为 255、255、204），其他选项的设置如图 15-26 所示，单击 "确定" 按钮，效果如图 15-27 所示。

`Step 04` 在 "中" 文字图层上单击鼠标右键，在弹出的菜单中选择 "拷贝图层样式" 命令，分别在 "秋"、"佳"、"节" 文字图层上单击鼠标右键，在弹出的菜单中选择 "粘贴图层样式" 命令，效果如图 15-28 所示。

图 15-26　　　　　　　　　　图 15-27　　　　　　图 15-28

15.1.3　制作平面图底图

`Step 01` 新建图层并将其命名为 "绿底"。选择 "矩形选框" 工具 ，绘制一个矩形选区，如图 15-29 所示。选择 "渐变" 工具 ，单击属性栏中的 "点按可编辑渐变" 按钮 ，弹出 "渐变编辑器" 对话框，在 "位置" 选项中分别输入 0、80、100 三个位置点，分别设置位置点颜色的

RGB 值为：0（50、103、40）、80（95、155、65）、100（99、124、51），如图 15-30 所示，单击 "确定" 按钮。单击属性栏中的 "线性渐变" 按钮 ，按住 Shift 键的同时，在选区中从左向右拖曳渐变色，效果如图 15-31 所示，按 Ctrl+D 键，取消选区。

图 15-29　　　　　　　　　图 15-30　　　　　　　　　图 15-31

Step 02 按 Ctrl+O 组合键，打开光盘中的 "Ch15 > 素材 > 制作中秋食品广告 > 04" 文件，将图形拖曳到图像窗口的右侧，如图 15-32 所示，在 "图层" 控制面板中生成新的图层并将其命名为 "纹饰"。将该图层的混合模式设为 "柔光"，"不透明度" 选项设为 30%，图像效果如图 15-33 所示。

图 15-32　　　　　　　　　图 15-33

Step 03 新建图层并将其命名为 "渐变"。选择 "矩形选框" 工具 ，绘制一个矩形选区，如图 15-34 所示。选择 "渐变" 工具 ，单击属性栏中的 "点按可编辑渐变" 按钮 ，弹出 "渐变编辑器" 对话框，在 "位置" 选项中分别输入 0、26、51、100 四个位置点，分别设置位置点颜色的 RGB 值为：0（77、39、22）、26（208、87、1）、51（255、198、36）、100（254、253、191），如图 15-35 所示，单击 "确定" 按钮。按住 Shift 键的同时，在选区中从上向下拖曳渐变色，按 Ctrl+D 键，取消选区，效果如图 15-36 所示。

图 15-34　　　　　　　　　图 15-35　　　　　　　　　图 15-36

Step 04　按 Ctrl+O 组合键，打开光盘中的"Ch15 > 素材 > 制作中秋食品广告 > 06"文件，将人物图片拖曳到图像窗口的上方，效果如图 15-37 所示，在"图层"控制面板中生成新的图层并将其命名为"人物 2"。在"图层"控制面板上方，将"人物 2"图层的混合模式设为"叠加"，"不透明度"选项设为 30，图像效果如图 15-38 所示。

图 15-37　　　　　　　　图 15-38

Step 05　选择"矩形选框"工具，绘制一个矩形选区，如图 15-39 所示。按 Shift+F6 组合键，在弹出的对话框中进行设置，如图 15-40 所示，单击"确定"按钮。按 Delete 键，删除选区中的图像，按 Ctrl+D 组合键，取消选区，效果如图 15-41 所示。

图 15-39　　　　　　　　图 15-40　　　　　　　　图 15-41

Step 06　按 Ctrl+O 组合键，打开光盘中的"Ch15 > 素材 > 制作中秋食品广告 > 01"文件，将花图片拖曳到图像窗口中，如图 15-42 所示，在"图层"控制面板中生成新的图层并将其命名为"花2"。单击面板下方的"添加图层蒙版"按钮，为"花 2"图层添加蒙版，如图 15-43 所示。

Step 07　选择"画笔"工具，在属性栏中单击"画笔"选项右侧的按钮，弹出画笔选择面板，将"主直径"选项设为 200，"硬度"选项设为 0，"不透明度"选项设为 33，在花图像上进行涂抹，涂抹区域被删除，效果如图 15-44 所示。

图 15-42　　　　　　　　图 15-43　　　　　　　　图 15-44

Step 08　在"图层"控制面板中选取需要的图层，按 Ctrl+Alt+G 组合键，为选中的图层创建剪贴蒙版，如图 15-45 所示，图像效果如图 15-46 所示。选中"月亮"图层，选择"移动"工具，按住 Alt 键的同时拖曳鼠标，复制月亮图形，并调整图形的大小。将月亮副本图层拖曳到所有图层的最上方，效果如图 15-47 所示。

图 15-45　　　　　　　　　　图 15-46　　　　　　　　　　图 15-47

15.1.4　添加边框及文字

Step 01　用制作"中秋佳节"文字的方法制作"秋风望月"的文字效果，如图 15-48 所示。将前景色设为土黄色（其 R、G、B 的值分别为 199、174、76），新建图层并将其命名为"边框"。选择"自定形状"工具 ，单击属性栏中的"形状"选项，弹出"形状"面板，在面板中选择需要的形状，如图 15-49 所示。

Step 02　选中属性栏中的"填充像素"按钮 ，在图像窗口中绘制图形，效果如图 15-50 所示。选择"直排文字"工具 T，输入需要的文字，选取文字，在属性栏中选择合适的字体并设置文字大小，按 Alt+向右方向键，调整文字到适当的间距，效果如图 15-51 所示。在"图层"控制面板中生成新的文字图层。

图 15-48　　　　　　图 15-49　　　　　　图 15-50　　　图 15-51

Step 03　新建图层并将其命名为"黑框"。将前景色设为黑色，选择"矩形"工具 ，绘制一个矩形，如图 15-52 所示。用相同的方法再绘制两个矩形线条，如图 15-53 所示。选择"横排文字"工具 T，输入需要的白色文字，选取文字，在属性栏中选择合适的字体并设置文字大小，调整文字适当的间距，效果如图 15-54 所示。在"图层"控制面板中生成新的文字图层。

图 15-52　　　　　　　　　图 15-53　　　　　　　　　图 15-54

Step 04   选择"椭圆"工具 ○，选中属性栏中的"路径"按钮 ▨，按住 Shift 键的同时，在"中"字的外侧绘制路径，如图 15-55 所示。新建图层并将其命名为"圆弧"。将前景色设为白色，选择"画笔"工具 ✎，在属性栏中单击"画笔"选项右侧的按钮·，弹出画笔选择面板，将"主直径"选项设为 5，"硬度"选项设为 100，单击"路径"控制面板下方的"用画笔描边路径"按钮 ○，用画笔描边路径并将路径隐藏，效果如图 15-56 所示。

Step 05   选择"椭圆选框"工具 ○，按住 Shift 键的同时，绘制一个圆形选区，如图 15-57 所示，按 Delete 键，删除选区中的内容，按 Ctrl+D 组合键，取消选区，效果如图 15-58 所示。

图 15-55   图 15-56   图 15-57   图 15-58

Step 06   将前景色设为土黄色（其 R、G、B 的值分别为 166、141、61）。选择"横排文字"工具 T，分别输入需要的文字，分别选取文字，在属性栏中选择合适的字体并设置文字大小，分别调整文字适当的间距，效果如图 15-59 所示。在"图层"控制面板中分别生成新的文字图层。

Step 07   按 Ctrl+O 组合键，打开光盘中的"Ch15 > 素材 > 制作中秋食品广告 > 05"文件，将假山图片拖曳到图像窗口的下方，如图 15-60 所示，在"图层"控制面板中生成新的图层并将其命名为"假山"。将该图层的"不透明度"选项设为 80，如图 15-61 所示，图像效果如图 15-62 所示。

图 15-59   图 15-60   图 15-61   图 15-62

15.1.5   制作立体效果

Step 01   在"图层"控制面板中，将"绿底"图层和"假山"图层之间所有的图层选中，按 Ctrl+E 组合键，合并图层并将其命名为"背面"。按 Ctrl+T 组合键，在图像周围出现控制手柄，按住 Ctrl+Shift 组合键的同时，拖曳鼠标，使图像斜切变形并调整其位置，按 Enter 键确定操作，效果如图 15-63 所示。

Step 02   单击"图层"控制面板下方的"添加图层样式"按钮 fx，在弹出的菜单中选择"斜面和浮雕"命令，在弹出的对话框中进行设置，如图 15-64 所示，单击"确定"按钮，效果如图 15-65 所示。选择"移动"工具 ▶，按住 Alt 键的同时，向右下方拖曳鼠标，复制图像，效果如图 15-66 所示。在"图层"控制面板中生成新的副本图层并将其命名为"正面"。

图 15-63

图 15-64 图 15-65 图 15-66

Step 03 新建图层并将其命名为"左侧面"。选择"钢笔"工具 ◊，选中属性栏中的"路径"按钮 ◙，绘制一个路径，如图 15-67 所示。按 Ctrl+Enter 组合键，将路径转换为选区，填充选区为绿色（其 R、G、B 的值分别为 51、102、0），按 Ctrl+D 组合键，取消选区，效果如图 15-68 所示。设置与背面图形相同的图层样式，效果如图 15-69 所示。用相同的方法制作出军绿色（其 R、G、B 的值分别为 164、169、115）的顶图，并调整图层的前后顺序，效果如图 15-70 所示。

图 15-67 图 15-68 图 15-69 图 15-70

Step 04 新建图层并将其命名为"右侧面"。选择"钢笔"工具 ◊，绘制一个路径，如图 15-71 所示。按 Ctrl+Enter 组合键，将路径转换为选区，填充选区为绿色（其 R、G、B 的值分别为 51、102、0），按 Ctrl+D 组合键，取消选区，设置与背面图形相同的图层样式，效果如图 15-72 所示。调整图层的前后顺序，效果如图 15-73 所示。

图 15-71 图 15-72 图 15-73

Step 05 在"图层"控制面板中，选中"背面"图层和"左侧面"图层之间所有的图层，按 Ctrl+G 组合键，将其编组并命名为"立体图"，如图 15-74 所示。选择"直排文字"工具 ⊤，在图像窗口的右上方需要的白色文字，选取文字，在属性栏中选择合适的字体并设置文字大小，调整文字适当的间距和行距，如图 15-75 所示。中秋食品广告制作完成。

图 15-74 图 15-75

15.2 制作燃烧的记忆照片特效

案例知识要点：使用矩形选框工具和滤镜命令制作背景效果，使用自定形状工具和样式面板制作装饰花形，使用色相/饱和度命令改变图片的颜色，使用混合模式命令更改图像的显示效果，使用图层样式命令为文字添加外发光效果，效果如图 15-76 所示。

效果所在位置：光盘/Ch15/效果/制作燃烧的记忆照片特效.psd。

图 15-76

15.2.1 绘制背景效果

Step 01 按 Ctrl + N 组合键，新建一个文件：宽度为 30 厘米，高度为 21 厘米，分辨率为 200 像素/英寸，颜色模式为 RGB，背景内容为白色，单击"确定"按钮。

Step 02 单击"图层"控制面板下方的"创建新图层"按钮，生成新图层并将其命名为"黑色矩形"。按 D 键，将工具箱中的前景色和背景色恢复为默认黑白两色。选择"矩形选框"工具，在属性栏中将"羽化"选项设为 10px，拖曳鼠标绘制一个矩形选区。按 Alt+Delete 组合键，用前景色填充选区，如图 15-77 所示，按 Ctrl+D 组合键，取消选区。

Step 03 新建图层并将其命名为"径向图形"。选择菜单"滤镜 > 渲染 > 云彩"命令，为图形添加云彩效果。按多次 Ctrl + F 组合键，重复使用云彩滤镜，效果如图 15-78 所示。

图 15-77 图 15-78

Step 04 选择菜单"滤镜 > 模糊 > 径向模糊"命令，在弹出的对话框中进行设置，如图 15-79 所示，单击"确定"按钮，效果如图 15-80 所示。

图 15-79　　　　　　　　　　　　　　　　图 15-80

Step 05 按 Ctrl + L 组合键，弹出"色阶"对话框，在对话框中进行设置，如图 15-81 所示，单击"确定"按钮，效果如图 15-82 所示。

图 15-81　　　　　　　　　　　　　　　　图 15-82

Step 06 在"图层"控制面板上方，将"径向图形"图层的混合模式设为"颜色加深"，如图 15-83 所示，图像效果如图 15-84 所示。

图 15-83　　　　　　　　　　　　　　　　图 15-84

Step 07 选择"矩形选框"工具，在属性栏中将"羽化"选项设为 0，拖曳鼠标绘制一个矩形选区，效果如图 15-85 所示。单击"通道"控制面板下方的"创建新通道"按钮，生成新通道"Alpha 1"，如图 15-86 所示。按 Ctrl + Delete 组合键，用白色填充选区，按 Ctrl+D 组合键，取消选区，图像效果如图 15-87 所示。

图 15-85　　　　　　　　　图 15-86　　　　　　　　　图 15-87

Step 08 选择菜单"滤镜 > 画笔描边 > 喷溅"命令,在弹出的对话框中进行设置,如图 15-88 所示,单击"确定"按钮,效果如图 15-89 所示。

图 15-88   图 15-89

Step 09 按住 Ctrl 键的同时,单击"Alpha 1"通道的缩览图,图像周围生成选区,如图 15-90 所示。返回到"图层"控制面板,新建图层并将其命名为"白色矩形"。按 Ctrl + Delete 组合键,用白色填充选区,按 Ctrl+D 组合键,取消选区,效果如图 15-91 所示。

图 15-90   图 15-91

15.2.2 添加装饰图形

Step 01 按 Ctrl + O 组合键,打开光盘中的"Ch15 > 素材 > 制作燃烧的记忆照片特效 > 01"文件,选择"移动"工具,将图片拖曳到图像窗口中,如图 15-92 所示,在"图层"控制面板中生成新的图层并将其命名为"花"。按 Ctrl+Alt+G 组合键,制作出"花"图层的剪贴蒙板,如图 15-93 所示,图像效果如图 15-94 所示。

图 15-92   图 15-93   图 15-94

Step 02 新建图层并将其命名为"花图形"。选择"自定形状"工具,单击属性栏中的"形状"选项,弹出"形状"面板,单击右上方的按钮,在弹出的菜单中选择"全部"选项,弹出提示对话框，单击"追加"按钮。在"形状"面板中选中图形"三叶草"，如图 15-95 所示。选中属性栏中的"路径"按钮 ，拖曳鼠标绘制路径，效果如图 15-96 所示。

图 15-95   图 15-96

Step 03 选择"路径选择"工具 ，选取路径并将其向下拖曳到适当的位置，效果如图 15-97 所示。按 Ctrl+Enter 组合键，将路径转换为选区，按 Ctrl + Delete 组合键，用背景色填充选区，按 Ctrl+D 组合键，取消选区，效果如图 15-98 所示。

图 15-97   图 15-98

Step 04 选择菜单"窗口 > 样式"命令，弹出"样式"控制面板，单击控制面板右上方的图标 ，在弹出的菜单中选择"Web 样式"命令，弹出提示对话框，单击"追加"按钮。在"样式"面板中选中样式"黄色凝胶"，如图 15-99 所示，效果如图 15-100 所示。

图 15-99   图 15-100

Step 05 在"图层"控制面板上方，将"花图形"图层的混合模式设为"柔光"，效果如图 15-101 所示。按 Ctrl+Alt+G 组合键，制作"花图形"图层的剪贴蒙板，图像效果如图 15-102 所示。

图 15-101   图 15-102

Step 06　单击"图层"控制面板下方的"创建新的填充或调整图层"按钮 ，从弹出的菜单中选择"亮度/对比度"命令，在"图层"控制面板中生成"亮度/对比度 1"图层，同时弹出"亮度/对比度"面板，选项的设置如图 15-103 所示，按 Enter 键，效果如图 15-104 所示。按 Ctrl+Alt+G 组合键，制作出"亮度/对比度 1"图层的剪贴蒙板，如图 15-105 所示。

图 15-103　　　　　　　　　　　　图 15-104　　　　　　　　　　　　图 15-105

15.2.3　制作人物特效

Step 01　按 Ctrl + O 组合键，打开光盘中的"Ch15 > 素材 > 制作燃烧的记忆照片特效 > 02"文件，选择"移动"工具 ，将人物图片拖曳到图像窗口中，效果如图 15-106 所示，在"图层"控制面板中生成新的图层并将其命名为"人物"。

Step 02　按 Ctrl + U 组合键，弹出"色相/饱和度"对话框，在弹出的对话框中进行设置，如图 15-107 所示，单击"确定"按钮，效果如图 15-108 所示。

图 15-106　　　　　　　　　　　　图 15-107　　　　　　　　　　　　图 15-108

Step 03　按 Ctrl + L 组合键，弹出"色阶"对话框，在弹出的对话框中进行设置，如图 15-109 所示，单击"确定"按钮，效果如图 15-110 所示。

图 15-109　　　　　　　　　　　　图 15-110

Step 04　单击"图层"控制面板下方的"添加图层蒙版"按钮 ，为"人物"图层添加蒙版，如图 15-111 所示。选择"画笔"工具 ✐，在属性栏中单击"画笔"选项右侧的按钮 ，弹出画笔选择面板，选择需要的画笔，选项的设置如图 15-112 所示。在属性栏中将"不透明度"选项设为 32%，"流量"选项设为 32%，在人物图像周围进行涂抹，效果如图 15-113 所示。

图 15-111

图 15-112

图 15-113

Step 05　按 Ctrl+Alt+G 组合键，制作"人物"图层的剪贴蒙版，效果如图 15-114 所示。将"人物"图层拖曳到控制面板下方的"创建新图层"按钮 上进行复制，生成新图层"人物副本"，将"人物副本"图层的混合模式设为"柔光"，如图 15-115 所示，图像效果如图 15-116 所示。

图 15-114

图 15-115

图 15-116

Step 06　单击"图层"控制面板下方的"创建新的填充或调整图层"按钮 ，在弹出的菜单中选择"通道混合器"命令，在"图层"控制面板中生成"通道混合器 1"图层，同时弹出"通道混合器"面板，选项的设置如图 15-117 所示，按 Enter 键，效果如图 15-118 所示。

图 15-117

图 15-118

Step 07　将"人物副本"图层拖曳到控制面板下方的"创建新图层"按钮 上进行复制，生成新图层"人物副本 2"，并将其拖曳到"通道混合器 1"图层的上方，如图 15-119 所示，图像效果如图 15-120 所示。用相同的方法制作出"人物副本 2"图层和"通道混合器 1"图层的剪贴蒙版，如图 15-121 所示。

图 15-119

图 15-120

图 15-121

15.2.4 制作蝴蝶图像特效

Step 01 按 Ctrl + O 组合键，打开光盘中的"Ch15 > 素材 > 制作燃烧的记忆照片特效 > 03"文件，选择"移动"工具 ，将图片拖曳到图像窗口中，效果如图 15-122 所示，在"图层"控制面板中生成新的图层并将其命名为"蝴蝶"。按 Ctrl+T 组合键，图像周围出现变换框，调整图像大小并旋转适当的角度，按 Enter 键确定操作，效果如图 15-123 所示。

图 15-122

图 15-123

Step 02 单击"图层"控制面板下方的"添加图层蒙版"按钮 ，为"蝴蝶"图层添加蒙版。选择"画笔"工具 ，在蝴蝶图像上进行涂抹，效果如图 15-124 所示。

Step 03 将"蝴蝶"图层拖曳到控制面板下方的"创建新图层"按钮 上进行复制，生成新图层"蝴蝶副本"。在"图层"控制面板上方，将"蝴蝶副本"图层的混合模式设为"叠加"，如图 15-125 所示，图像效果如图 15-126 所示。

图 15-124

图 15-125

图 15-126

Step 04 按住 Ctrl 键的同时，单击"蝴蝶副本"图层的缩览图，图像周围生成选区，效果如图 15-127 所示。单击"图层"控制面板下方的"创建新的填充或调整图层"按钮 ，在弹出的菜单中选择"通道混合器"命令，在"图层"控制面板中生成"通道混合器 2"图层，同时弹出"通道混合器"对话框，在对话框中进行设置，如图 15-128 所示，单击"确定"按钮，效果如图 15-129 所示。单击"通道混合器 2"图层的蒙版缩览图，选择"画笔"工具 ，在蝴蝶图像上进行涂抹，效果如图 15-130 所示。

图 15-127   图 15-128

图 15-129   图 15-130

Step 05 将"蝴蝶副本"图层拖曳到控制面板下方的"创建新图层"按钮 ⬜ 上进行复制，生成新图层"蝴蝶副本 2"，将其拖曳到"图层"控制面板的最上方。将"蝴蝶副本 2"图层的混合模式设为"正片叠加"，如图 15-131 所示，图像效果如图 15-132 所示。

图 15-131   图 15-132

Step 06 将"蝴蝶副本 2"图层拖曳到控制面板下方的"创建新图层"按钮 ⬜ 上进行复制，生成新图层"蝴蝶副本 3"，将"蝴蝶副本 3"图层的混合模式设为"叠加"，效果如图 15-133 所示。用相同的方法分别制作"蝴蝶"图层、"蝴蝶副本"图层、"通道混合器 2"图层、"蝴蝶副本 2"图层和"蝴蝶副本 3"图层的剪贴蒙版，如图 15-134 所示，图像效果如图 15-135 所示。

图 15-133   图 15-134   图 15-135

15.2.5　绘制装饰图形

Step 01　新建图层并将其命名为"白色圆形"。选择"椭圆选框"工具 ◯，选中属性栏中的"添加到选区"按钮 ▣，在图像窗口中绘制多个椭圆形选区，如图 15-136 所示。按 Ctrl + Delete 组合键，用背景色填充选区，按 Ctrl–D 组合键，取消选区，效果如图 15-137 所示。

图 15-136　　　　　　　　　　　　　　图 15-137

Step 02　按 Ctrl+Alt+G 组合键，制作"白色圆形"图层的剪贴蒙板。在"图层"控制面板上方，将"白色圆形"图层的混合模式设为"柔光"，如图 15-139 所示，图像效果如图 15-139 所示。

图 15-138　　　　　　　　　　　　　　图 15-139

Step 03　新建图层并将其命名为"画笔"。将前景色设为白色。选择"画笔"工具 ✎，在属性栏中单击"画笔"选项右侧的按钮 ▾，弹出画笔选择面板，在面板中选择需要的画笔形状，如图 15-140 所示，在属性栏中将"不透明度"选项设为 100%，"流量"选项设为 100%，适当的调整画笔笔触大小，拖曳鼠标绘制图形，效果如图 15-141 所示。按 Ctrl+Alt+G 组合键，制作出"画笔"图层的剪贴蒙板，图像效果如图 15-142 所示。

图 15-140　　　　　　　　　图 15-141　　　　　　　　　图 15-142

Step 04　新建图层并将其命名为"白色圆形 2"。选择"椭圆选框"工具 ◯，在图像窗口中绘制多个椭圆形选区，按 Alt+Delete 组合键，用前景色填充选区，按 Ctrl+D 组合键，取消选区，效果如图 15-143 所示。在"图层"控制面板上方，将"白色圆形 2"图层的"不透明度"选项设为 25，如图 15-144 所示，图像效果如图 15-145 所示。按 Ctrl+Alt+G 组合键，制作"白色圆形 2"图层的剪贴蒙板。

图 15-143   图 15-144   图 15-145

Step 05 新建图层并将其命名为"装饰圆形"。选择"椭圆选框"工具 ，绘制两个椭圆形选区，按 Alt+Delete 组合键，用前景色填充选区，按 Ctrl+D 组合键，取消选区，效果如图 15-146 所示。按 Ctrl+Alt+G 组合键，制作"装饰圆形"图层的剪贴蒙板。在"图层"控制面板上方，将"装饰圆形"图层的混合模式设为"叠加"，如图 15-147 所示，图像效果如图 15-148 所示。

图 15-146   图 15-147   图 15-148

Step 06 单击"图层"控制面板下方的"创建新的填充或调整图层"按钮 ，在弹出的菜单中选择"渐变填充"命令，在"图层"控制面板中生成"渐变填充 1"图层，同时弹出"渐变填充"对话框，单击"点按可编辑渐变"按钮 ，弹出"渐变编辑器"对话框，在"位置"选项中分别输入 5、35、65、95 几个位置点，分别设置几个位置点颜色的 RGB 值为：5（249、230、0），35（111、21、108），65（253、124、0），95（0、40、116），如图 15-149 所示，单击"确定"按钮，返回"渐变填充"对话框，选项的设置如图 15-150 所示，单击"确定"按钮，效果如图 15-151 所示。

图 15-149   图 15-150   图 15-151

Step 07 在"图层"控制面板上方，将"渐变填充 1"图层的混合模式设为"柔光"。按 Ctrl+Alt+G 组合键，制作"渐变填充 1"图层的剪贴蒙板，如图 15-152 所示，效果如图 15-153 所示。

图 15-152　　　　　　　　　　　　图 15-153

Step 08　按 Ctrl + O 组合键，打开光盘中的"Ch15 > 素材 > 制作燃烧的记忆照片特效 > 04"文件，选择"移动"工具 ，将图片拖曳到图像窗口的中心位置，效果如图 15-154 所示，在"图层"控制面板中生成新的图层并将其命名为"火"。按 Ctrl+T 组合键，图像周围出现变换框，调整图像大小并旋转适当的角度，按 Enter 键确定操作，效果如图 15-155 所示。

图 15-154　　　　　　　　　　　　图 15-155

Step 09　在"图层"控制面板上方，将"火"图层的混合模式设为"滤色"，按 Ctrl+Alt+G 组合键，制作"火"图层的剪贴蒙板，如图 15-156 所示，图像效果如图 15-157 所示。

图 15-156　　　　　　　　　　　　图 15-157

15.2.6　添加装饰文字

Step 01　单击"图层"控制面板下方的"创建新组"按钮 ，生成新的图层组并将其命名为"文字"。选择"横排文字"工具 T，在属性栏中选择合适的字体并设置文字大小，输入需要的白色文字，如图 15-158 所示，在"图层"控制面板中生成新的文字图层。

Step 02　单击"图层"控制面板下方的"添加图层样式"按钮 ，在弹出的菜单中选择"外发光"命令，弹出对话框，将发光颜色设为黑色，其他选项的设置如图 15-159 所示，单击"确定"按钮，效果如图 15-160 所示。

图 15-158

图 15-159   图 15-160

Step 03 选择"横排文字"工具 T，在属性栏中选择合适的字体并设置文字大小，分别输入需要的白色文字，并分别调整文字间距，在"图层"控制面板中生成多个文字图层。在"回"文字层上单击鼠标右键，在弹出的菜单中选择"拷贝图层样式"命令，在其他文字层上单击鼠标右键，在弹出的菜单中选择"粘贴图层样式"命令，效果如图 15-161 所示。燃烧的记忆照片特效制作完成，如图 15-162 所示。

图 15-161   图 15-162

15.3 制作儿童教育书籍封面

　　案例知识要点：使用矩形选框工具和渐变工具绘制背景，使用画笔工具和投影命令制作背景装饰图形，使用文字工具、自定形状工具和钢笔工具添加标题文字，使用画笔工具绘制虚线，使用直线工具绘制文字的间隔直线，效果如图 15-163 所示。

　　效果所在位置：光盘/Ch15/效果/制作儿童教育书籍封面.psd。

图 15-163

15.3.1   绘制背景效果

Step 01　按 Ctrl+N 组合键，新建一个文件：宽度为 45.6 厘米，高度为 30.3 厘米，分辨率为 300 像素/英寸，颜色模式为 RGB，背景内容为白色，单击"确定"按钮。

Step 02　选择菜单"视图 > 新建参考线"命令，在弹出的对话框中进行设置，如图 15-164 所示，单击"确定"按钮，效果如图 15-165 所示。用相同的方法在 21 厘米、24 厘米、45.3 厘米处新建参考线，效果如图 15-166 所示。

| 图 15-164 | 图 15-165 | 图 15-166 |

Step 03　选择菜单"视图 > 新建参考线"命令，在弹出的对话框中进行设置，如图 15-167 所示，单击"确定"按钮，效果如图 15-168 所示。用相同的方法在 30 厘米处新建参考线，效果如图 15-169 所示。

| 图 15-167 | 图 15-168 | 图 15-169 |

Step 04　新建图层并将其命名为"渐变矩形"。选择"矩形选框"工具 ，在图像窗口中拖曳鼠标绘制矩形选区，如图 15-170 所示。选择"渐变"工具 ，单击属性栏中的"点按可编辑渐变"按钮 ，弹出"渐变编辑器"对话框，将渐变色设为从橘黄色（其 R、G、B 的值分别为 242、188、26）到黄色（其 R、G、B 的值分别为 244、225、38），如图 15-171 所示，单击"确定"按钮。单击属性栏中的"线性渐变"按钮 ，按住 Shift 键的同时，在选区中由上向下拖曳渐变色，效果如图 15-172 所示。按 Ctrl+D 组合键，取消选区。

| 图 15-170 | 图 15-171 | 图 15-172 |

Step 05　将"渐变矩形"图层拖曳到控制面板下方的"创建新图层"按钮 上进行复制，生成新的图层"渐变矩形 副本"，如图 15-173 所示。选择"移动"工具 ，将复制的图形拖曳到适当的位置，如图 15-174 所示。

图 15-173图 15-174

15.3.2　添加封面图案

Step 01　单击"图层"控制面板下方的"创建新组"按钮 ，生成新的图层组并将其命名为"封面"。选中"渐变矩形"图层，将其拖曳到"封面"图层组中。按 Ctrl+O 组合键，打开光盘中的"Ch13 > 素材 > 制作儿童教育书籍封面 > 01"文件，选择"移动"工具 ，将图片拖曳到图像窗口的适当位置，效果如图 15-175 所示，在"图层"控制面板中生成新的图层并将其命名为"花纹"，如图 15-176 所示。

图 15-175图 15-176

Step 02　新建图层并将其命名为"画笔"。将前景色设为白色。选择"画笔"工具 ，单击属性栏中的"切换画笔面板"按钮 ，弹出"画笔"控制面板，选择"画笔笔尖形状"选项，切换到"画笔笔尖形状"面板，选择需要的画笔形状，其他选项的设置如图 15-177 所示。选择"形状动态"选项，切换到相应的面板，选项的设置如图 15-178 所示。选择"散布"选项，切换到相应的面板，选项的设置如图 15-179 所示，在图像窗口中拖曳鼠标绘制图形，效果如图 15-180 所示。

图 15-177图 15-178图 15-179图 15-180

Step 03 单击"图层"控制面板下方的"添加图层样式"按钮 *fx.*，在弹出的菜单中选择"投影"命令，弹出对话框，将投影颜色设为橘黄色（其 R、G、B 的值分别为 242、145、24），其他选项的设置如图 15-181 所示，单击"确定"按钮，效果如图 15-182 所示。

图 15-181　　　　　　　　　　　图 15-182

Step 04 新建图层并将其命名为"画笔 1"。用上述所讲的方法调整画笔，在图像窗口中绘制图形，如图 15-183 所示。在"图层"控制面板的上方，将"画笔 1"图层的"不透明度"选项设为 31%，效果如图 15-184 所示。

图 15-183　　　　　　　图 15-184

15.3.3　制作书名

Step 01 将前景色设为红色（其 R、G、B 的值分别为 200、41、44）。选择"横排文字"工具 T，在属性栏中选择合适的字体并设置文字大小，输入需要的文字，如图 15-185 所示，在"图层"控制面板中生成新的文字图层。在"成长日记"图层上单击鼠标右键，在弹出的菜单中选择"栅格文字"命令，将"成长日记"文字图层转换为图像图层，如图 15-186 所示。

Step 02 选择"多边形套索"工具，在图像窗口中拖曳鼠标绘制选区，按 Delete 键，将选区中的图像删除，按 Ctrl+D 组合键，取消选区，效果如图 15-187 所示。用相同的方法再绘制一个选区，并将选区中的图像删除，如图 15-188 所示，取消选区。

图 15-185　　　　图 15-186　　　　图 15-187　　　　图 15-188

Step 03 新建图层并将其命名为"心形"。选择"自定形状"工具，单击属性栏中的"形状"选项，弹出"形状"面板，在"形状"面板中选中图形"红心形卡"，如图 15-189 所示。单击属性栏中的"填充像素"按钮 □，拖曳鼠标绘制图形，并将其旋转到适当的角度，效果如图 15-190 所示。

图 15-189　　　　　　　　图 15-190

Step 04 　新建图层并将其命名为"火形"。选择"自定形状"工具 ，单击属性栏中的"形状"选项，弹出"形状"面板，单击面板右上方的按钮 ，在弹出的菜单中选择"自然"选项，弹出提示对话框，单击"确定"按钮，在"形状"面板中选中"火焰"图形，如图 15-191 所示。单击属性栏中的"填充像素"按钮 □，拖曳鼠标绘制图形，效果如图 15-192 所示。

图 15-191　　　　　　　　图 15-192

Step 05 　新建图层并将其命名为"图形"。选择"钢笔"工具 ，单击属性栏中的"路径"按钮 ，在图像窗口中拖曳鼠标绘制路径，如图 15-193 所示。按 Ctrl+Enter 组合键，将路径转换为选区。按 Alt+Delete 组合键，用前景色填充选区，效果如图 15-194 所示。按 Ctrl+D 组合键，取消选区。

图 15-193　　　　　　　　图 15-194

Step 06 　按住 Shift 键的同时，单击"成长日记"图层，选中需要的多个图层，如图 15-195 所示。按 Ctrl+E 组合键，合并图层并将其命名为"成长日记"。按住 Ctrl 键的同时，单击"成长日记"图层的缩览图，载入选区。

Step 07 　新建图层并命名为"文字边缘"，将其拖曳到"成长日记"图层的下方。选择菜单"选择 > 修改 > 扩展"命令，在弹出的对话框中进行设置，如图 15-196 所示，单击"确定"按钮，用白色填充选区，效果如图 15-197 所示。按 Ctrl+D 组合键，取消选区。

图 15-195　　　　　　　　图 15-196　　　　　　　　图 15-197

Step 08 　单击"图层"控制面板下方的"添加图层样式"按钮 ，在弹出的菜单中选择"投影"命令，弹出对话框，将投影颜色设为深灰色（其 R、G、B 的值分别为 35、24、21），其他选项的设置如图 15-198 所示。选择"描边"选项，切换到相应的对话框中，将描边颜色设为紫色（其 R、G、B 的值分别为 90、12、16），其他选项的设置如图 15-199 所示，单击"确定"按钮，效果如图 15-200 所示。

图 15-198　　　　　　　　　　　　　图 15-199　　　　　　　　　　　　图 15-200

Step 09　用相同的方法制作其他文字，并填充不同的颜色，效果如图 15-201 所示。新建图层并将其命名为"形状"。选择"钢笔"工具 ，单击属性栏中的"路径"按钮 ，在图像窗口中拖曳鼠标绘制路径。按 Ctrl+Enter 组合键，将路径转换为选区，用白色填充选区，效果如图 15-202 所示。按 Ctrl+D 组合键，取消选区。

Step 10　在"文字边缘 2"图层上单击鼠标右键，在弹出的菜单中选择"拷贝图层样式"命令；在"形状"图层上单击鼠标右键，在弹出的菜单中选择"粘贴图层样式"命令，效果如图 15-203 所示。

图 15-201　　　　　　　　　　　图 15-202　　　　　　　图 15-203

15.3.4　添加其他相关信息

Step 01　新建图层并将其命名为"圆形"。将前景色设为白色。选择"椭圆"工具 ，单击属性栏中的"填充像素"按钮 ，在图像窗口中拖曳鼠标绘制多个圆形，如图 15-204 所示。

Step 02　按住 Ctrl 键的同时，单击"圆形"图层的图层缩览图，载入选区。选择"画笔"工具 ，单击属性栏中的"切换画笔面板"按钮 ，弹出"画笔"控制面板，选择"画笔笔尖形状"选项，弹出"画笔笔尖形状"面板，选择需要的画笔形状，其他选项的设置如图 15-205 所示。单击"路径"控制面板下方的"从选区生成工作路径"按钮 ，将选区转换为路径，如图 15-206 所示。

图 15-204　　　　　　　　　图 15-205　　　　　　　图 15-206

Step 03 将前景色设为黑色。单击"路径"控制面板下方的"用画笔描边路径"按钮 ◎ ，如图 15-207 所示，描边路径。单击"路径"面板的空白处，隐藏路径，效果如图 15-208 所示。

图 15-207　　　　　　　　　　　　图 15-208

Step 04 新建图层并将其命名为"直线"。选择"直线"工具 ＼ ，单击属性栏中的"填充像素"按钮 □ ，将"粗细"选项设为 5 px，按住 Shift 键的同时，在图像窗口中拖曳鼠标绘制多条直线，效果如图 15-209 所示。

Step 05 选择"横排文字"工具 T ，在属性栏中选择合适的字体并设置文字大小，输入需要的文字，在"图层"控制面板中生成新的文字图层，如图 15-210 所示。选取输入的文字，按 Ctrl+向右方向键，调整文字间距，效果如图 15-211 所示。

图 15-209　　　　　　　　图 15-210　　　　　　　　图 15-211

Step 06 按 Ctrl+O 组合键，打开光盘中的"Ch13 > 素材 > 制作儿童教育书籍封面 > 02"文件，选择"移动"工具 ▶ ，将图片拖曳到图像窗口的适当位置，效果如图 15-212 所示，在"图层"控制面板中生成新的图层并将其命名为"装饰"，如图 15-213 所示。

Step 07 新建图层并将其命名为"符号"。选择"自定形状"工具 ⬈ ，单击属性栏中的"形状"选项，弹出"形状"面板，单击面板右上方的按钮 ▶ ，在弹出的菜单中选择"符号"选项，弹出提示对话框，单击"确定"按钮，在"形状"面板中选中图形"靶心"，如图 15-214 所示。单击属性栏中的"填充像素"按钮 □ ，拖曳鼠标绘制图形，效果如图 15-215 所示。

图 15-212　　　　　　图 15-213　　　　　　图 15-214　　　　　　图 15-215

Step 08 选择"横排文字"工具 T ，在属性栏中分别选择合适的字体并设置文字大小，输入需要的黑色文字和白色文字，在"图层"控制面板中分别生成新的文字图层，如图 15-216 所示。选取白色文字，适当调整文字的间距，效果如图 15-217 所示。单击"封面"图层组左侧的三角形按钮 ▼ ，将其隐藏。

图 15-216　　　　　　　　　　　　　　　图 15-217

15.3.5　制作封底效果

Step 01　单击"图层"控制面板下方的"创建新组"按钮 ，生成新的图层组并将其命名为"封底"。选中"渐变矩形 副本"图层，将其拖曳到"封底"图层组中，如图 15-218 所示。

Step 02　按 Ctrl+O 组合键，打开光盘中的"Ch13 > 素材 > 制作儿童教育书籍封面 > 03"文件，选择"移动"工具 ，将图片拖曳到图像窗口的适当位置，效果如图 15-219 所示，在"图层"控制面板中生成新的图层并将其命名为"图片"。在"图层"控制面板上方，将"图片"图层的混合模式设为"颜色加深"，效果如图 15-220 所示。

图 15-218　　　　　　　　　　　　図 15-219　　　　　　　　　　图 15-220

Step 03　按 Ctrl+O 组合键，打开光盘中的"Ch13 > 素材 > 制作儿童教育书籍封面 > 01"文件，选择"移动"工具 ，将图片拖曳到图像窗口中，并调整其位置及角度，效果如图 15-221 所示，在"图层"控制面板中生成新的图层并将其命名为"花纹 2"。

Step 04　选择"横排文字"工具 ，输入需要的文字，分别选取文字并在属性栏中选择合适的字体和文字大小，适当调整文字的间距和行距，填充文字为褐色（其 R、G、B 的值分别为 141、46、34）、红色（其 R、G、B 的值分别为 207、44、46）和黑色，如图 15-222 所示，在"图层"控制面板中生成新的文字图层，如图 15-223 所示。

图 15-221　　　　　　图 15-222　　　　　　图 15-223

Step 05 选中"成长日记"图层，单击"图层"控制面板下方的"添加图层样式"按钮 $fx_.$，在弹出的菜单中选择"投影"命令，在弹出的对话框中进行设置，如图 15-224 所示；选择"描边"选项，切换到相应的对话框，将描边颜色设为白色，其他选项的设置如图 15-225 所示，单击"确定"按钮，效果如图 15-226 所示。

图 15-224   图 15-225   图 15-226

Step 06 选中"定价：35.00 元"图层。新建图层将其命名为"虚线"，并将前景色设为白色。选择"画笔"工具 ，单击属性栏中的"切换画笔面板"按钮 ，弹出"画笔"控制面板，选择"画笔笔尖形状"选项，切换到"画笔笔尖形状"面板，选择需要的画笔形状，其他选项的设置如图 15-227 所示。按住 Shift 键的同时，在图像窗口中拖曳鼠标绘制图形，如图 15-228 所示。

图 15-227   图 15-228

Step 07 将"虚线"图层拖曳到控制面板下方的"创建新图层"按钮 上进行复制，生成新的图层"虚线 副本"。选择"移动"工具 ，将复制的虚线拖曳到适当的位置，如图 15-229 所示。

Step 08 新建图层并将其命名为"直线"。选择"直线"工具 ，单击属性栏中的"填充像素"按钮 ，将"粗细"选项设为 5px，按住 Shift 键的同时，在图像窗口中拖曳鼠标绘制直线，效果如图 15-230 所示。

图 15-229   图 15-230

Step 09 按 Ctrl+O 组合键，打开光盘中的"Ch13 > 素材 > 制作儿童教育书籍封面 > 04"文件，选择"移动"工具 ，将图片拖曳到图像窗口的适当位置，效果如图 15-231 所示，在"图层"控制面板中生成新的图层并将其命名为"条形码"，如图 15-232 所示。单击"封底"图层组左侧的三角形按钮 ，将其隐藏。

图 15-231　　　　　　　　　　图 15-232

15.3.6　制作书脊效果

Step 01 单击"图层"控制面板下方的"创建新组"按钮 ，生成新的图层组并将其命名为"书脊"。选择"直排文字"工具 ，输入需要的文字，分别选取文字并在属性栏中选择合适的字体和文字大小，调整文字间距，填充文字颜色，如图 15-233 所示，在"图层"控制面板中分别生成新的文字图层，如图 15-234 所示。用上述所讲的方法制作出如图 15-235 所示的效果。

图 15-233　　　　　　　　　　图 15-234　　　　　图 15-235

Step 02 新建图层并将其命名为"符号 1"。将前景色设为黑色。选择"自定形状"工具 ，单击属性栏中的"填充像素"按钮 ，在图像窗口中拖曳鼠标绘制图形，效果如图 15-236 所示。按 Ctrl+；组合键，隐藏参考线。儿童教育书籍封面效果制作完成，如图 15-237 所示。

图 15-236　　　　　　　　　　图 15-237

15.4 课后习题——制作运动鞋广告

习题知识要点：使用喷溅命令为图像制作喷溅效果，使用图层混合模式命令为图像制作强光效果，使用纹理化滤镜命令为图形制作纹理效果，使用套索工具绘制选区，使用图层样式命令为图像添加外发光效果，使用变形文字命令为文字变形，如图 15-238 所示。

效果所在位置：光盘/Ch15/效果/制作运动鞋广告.psd。

图 15-238

15.5 课后习题——制作炫彩世界照片特效

习题知识要点：使用渐变工具、裁剪工具和木刻滤镜制作背景效果，使用混合模式、不透明度命令和图层蒙版制作图片的融合效果，使用动感模糊命令制作人物投影，使用杂色、变换和蒙版制作装饰线条，使用图层样式命令制作文字特效，如图 15-239 所示。

效果所在位置：光盘/Ch15/效果/制作炫彩世界照片特效.psd。

图 15-239

15.6 课后习题——制作青春年华书籍封面

习题知识要点：使用圆角矩形工具和创建剪贴蒙版命令制作封面背景图，使用自定形状工具绘制图形，使用文字工具和添加图层样式命令制作书名，使用混合模式命令制作图片的叠加效果，如图 15-240 所示。

效果所在位置：光盘/Ch15/效果/制作青春年华书籍封面.psd。

图 15-240